IPA-IAO

Forschung und Praxis

Band 280

Berichte aus dem
Fraunhofer-Institut für Produktionstechnik
und Automatisierung (IPA), Stuttgart,
Fraunhofer-Institut für Arbeitswirtschaft
und Organisation (IAO), Stuttgart,
Institut für Industrielle Fertigung und
Fabrikbetrieb der Universität Stuttgart und
Institut für Arbeitswissenschaft und
Technologiemanagement, Universität Stuttgart

Herausgeber: H. J. Warnecke, E. Westkämper
und H.-J. Bullinger

Springer

Berlin
Heidelberg
New York
Barcelona
Budapest
Hongkong
London
Mailand
Paris
Singapur
Tokio

Rüdiger Kölblin

Meßeinrichtung zur direkten Unterscheidung von luftgetragenen biotischen und abiotischen Partikeln

Mit 57 Abbildungen

Springer

Dr.-Ing. Rüdiger Kölblin
Fraunhofer-Institut für Produktionstechnik und Automatisierung (IPA), Stuttgart

Prof. Dr.-Ing. Dr. h. c. mult. H. J. Warnecke
o. Professor an der Universität Stuttgart
Präsident der Fraunhofer-Gesellschaft, München

Prof. Dr.-Ing. Dr. h. c. E. Westkämper
o. Professor an der Universität Stuttgart
Fraunhofer-Institut für Produktionstechnik und Automatisierung (IPA), Stuttgart

Prof. Dr.-Ing. habil. Prof. e. h. Dr. h. c. H.-J. Bullinger
o. Professor an der Universität Stuttgart
Fraunhofer-Institut für Arbeitswirtschaft und Organisation (IAO), Stuttgart

D 93

ISBN-13: 978-3-540-65526-8 e-ISBN-13: 978-3-642-47969-4
DOI: 10.1007/978-3-642-47969-4

Gesamtherstellung: Copydruck GmbH, Heimsheim
SPIN 10710877 62/3020–5 4 3 2 1 0

Geleitwort der Herausgeber

Über den Erfolg und das Bestehen von Unternehmen in einer marktwirtschaftlichen Ordnung entscheidet letztendlich der Absatzmarkt. Das bedeutet, möglichst frühzeitig absatzmarktorientierte Anforderungen sowie deren Veränderungen zu erkennen und darauf zu reagieren.

Neue Technologien und Werkstoffe ermöglichen neue Produkte und eröffnen neue Märkte. Die neuen Produktions- und Informationstechnologien verwandeln signifikant und nachhaltig unsere industrielle Arbeitswelt. Politische und gesellschaftliche Veränderungen signalisieren und begleiten dabei einen Wertewandel, der auch in unseren Industriebetrieben deutlichen Niederschlag findet.

Die Aufgaben des Produktionsmanagements sind vielfältiger und anspruchsvoller geworden. Die Integration des europäischen Marktes, die Globalisierung vieler Industrien, die zunehmende Innovationsgeschwindigkeit, die Entwicklung zur Freizeitgesellschaft und die übergreifenden ökologischen und sozialen Probleme, zu deren Lösung die Wirtschaft ihren Beitrag leisten muß, erfordern von den Führungskräften erweiterte Perspektiven und Antworten, die über den Fokus traditionellen Produktionsmanagements deutlich hinausgehen.

Neue Formen der Arbeitsorganisation im indirekten und direkten Bereich sind heute schon feste Bestandteile innovativer Unternehmen. Die Entkopplung der Arbeitszeit von der Betriebszeit, integrierte Planungsansätze sowie der Aufbau dezentraler Strukturen sind nur einige der Konzepte, welche die aktuellen Entwicklungsrichtungen kennzeichnen. Erfreulich ist der Trend, immer mehr den Menschen in den Mittelpunkt der Arbeitsgestaltung zu stellen - die traditionell eher technokratisch akzentuierten Ansätze weichen einer stärkeren Human- und Organisationsorientierung. Qualifizierungsprogramme, Training und andere Formen der Mitarbeiterentwicklung gewinnen als Differenzierungsmerkmal und als Zukunftsinvestition in *Human Resources* an strategischer Bedeutung.

Von wissenschaftlicher Seite muß dieses Bemühen durch die Entwicklung von Methoden und Vorgehensweisen zur systematischen Analyse und Verbesserung des Systems Produktionsbetrieb einschließlich der erforderlichen Dienstleistungsfunktionen unterstützt werden. Die Ingenieure sind hier gefordert, in enger Zusammenarbeit mit anderen Disziplinen, z. B. der Informatik, der Wirtschaftswissenschaften und der Arbeitswissenschaft, Lösungen zu erarbeiten, die den veränderten Randbedingungen Rechnung tragen.

Die von den Herausgebern langjährig geleiteten Institute, das

- Institut für Industrielle Fertigung und Fabrikbetrieb der Universität Stuttgart (IFF),
- Institut für Arbeitswissenschaft und Technologiemanagement (IAT),
- Fraunhofer-Institut für Produktionstechnik und Automatisierung (IPA),
- Fraunhofer-Institut für Arbeitswirtschaft und Organisation (IAO)

arbeiten in grundlegender und angewandter Forschung intensiv an den oben aufgezeigten Entwicklungen mit. Die Ausstattung der Labors und die Qualifikation der Mitarbeiter haben bereits in der Vergangenheit zu Forschungsergebnissen geführt, die für die Praxis von großem Wert waren. Zur Umsetzung gewonnener Erkenntnisse wird die Schriftenreihe „IPA-IAO - Forschung und Praxis" herausgegeben. Der vorliegende Band setzt diese Reihe fort. Eine Übersicht über bisher erschienene Titel wird am Schluß dieses Buches gegeben.

Dem Verfasser sei für die geleistete Arbeit gedankt, dem Springer-Verlag für die Aufnahme dieser Schriftenreihe in seine Angebotspalette und der Druckerei für saubere und zügige Ausführung. Möge das Buch von der Fachwelt gut aufgenommen werden.

H. J. Warnecke   E. Westkämper   H.-J. Bullinger

Vorwort

Die vorliegende Arbeit entstand während meiner Tätigkeit als wissenschaftlicher Mitarbeiter am Fraunhofer Institut Produktionstechnik und Automatisierung (IPA), Stuttgart. Als Dankeschön für die große Hilfe widme ich das Buch meiner Frau Inge und meinen Kindern Janika und Jonas.

Meinen besonderen Dank für die Unterstützung und Förderung meiner Arbeit richte ich an Herrn Prof. Dr.-Ing. Dr. h. c. mult. E. Westkämper sowie an Herrn Prof. Dr. techn. H. Brunner für die Durchsicht und die Übernahme des Mitberichts.

Für die Unterstützung und konstruktiven Diskussionen danke ich allen Kolleginnen und Kollegen. Hierbei gilt der Dank insbesondere Herrn Prof. Dr.-Ing. Dr. h. c. mult. R. D. Schraft, Herrn Dr.-Ing. B. Klumpp und Herrn Dr.-Ing. M. Schweizer.

Einen ganz besonderen Dank möchte ich an Frau Dr. I. Trick und an Herrn Prof. Dr. W. Trösch vom Fraunhofer Institut Grenzflächen- und Bioverfahrenstechnik (IGB) richten. Mit Hilfe Ihrer Unterstützung konnten insbesondere die Themen aus dem mikrobiologischen Bereich erfolgreich bearbeitet werden.

Herrn Dipl.-Ing. (FH) R. Grimme und Herrn Dipl.-Ing. D. Werner danke ich für die Bereitschaft zu intensiven Fachgesprächen während des gesamten Zeitraums der Entstehung der hier vorliegenden Arbeit.

Stuttgart, November 1998 Rüdiger Kölblin

Inhaltsverzeichnis

Abkürzungen und Formelzeichen

α		Dimensionsloser Größenparameter
ϕ	°	Polarisationswinkel
λ	nm	Wellenlänge des Lichtes
θ	°	Streuwinkel
Θ_Σ	°	Streuwinkel
μLPC		μ-Laser Particle Counter
A/D		Analog/Digital
APS		aerodynamischer Sensor
c	m/s	Phasengeschwindigkeit des Lichtes in Vakuum
cft		cubic feet
CIP		Cleaning In Place
c_m		Phasengeschwindigkeit des Lichtes im Medium
C_{max}		maximale Partikelkonzentration
C_{zul}		maximale zulässige Partikelkonzentration
d	μm	Partikeldurchmesser
d_i	mm	Innendurchmesser der Austrittsdüse
DNA		Desoxyribonucleinacid
EG-GMP		Europäische Gemeinschaft - Good Manufacturing Practise
f_A	Hz	Abtastrate bei 32-facher Abtastung
$f_{A\_3Kanäle}$	Hz	Abtastrate bei 3 Kanälen
FDA		Food and Drug Administration
f_p	Hz	Ereignisfrequenz
$h_{meß}$	mm	Meßstrahlhöhe
i		Streulichtintensität
i_Σ		Summe der Streulichtintensität
IR		Infrarot
j		$(-1)^{0.5}$, imaginäre Einheit
k		Absorptionskonstante
KBE		Koloniebildende Einheit
m		Komplexer Brechungsindex
MAK		Maximale Arbeitsplatz Konzentration
n		realer Brechungsindex
N		Häufigkeitsverteilung

NAD(P)H		Nicotinamide Adenine Dinucleotide Phosphate
OPZ		Optischer Partikelzähler
PC		Personal Computer
P_d	μm	Partikeldurchmesser
PMS		Particle Measurement Systems
POU		Point Of Use
PTFE		Polytetrafluoräthylen
Q		Streulichtkoeffizient
Q_0		Beugungsanteil des Streulichtkoeffiezienten
Q_1		Reflexionsanteil des Streulichtkoeffiezienten
Q_2		Brechungsanteil des Streulichtkoeffiezienten
RNA		Ribonucleinacid
T	°C	Raumtemperatur
t_p	s	Verweildauer des Partikels im Meßvolumen
UV		Ultra Violet
UV-APS		Ultra Violet Aerodynamic Particle Sizer
VDI		Verein Deutscher Ingenieure
$V_{meß}$	l / min	Meßvolumenstrom
v_p	m / s	Geschwindigkeit des Partikels

- Der optische Partikelzähler von **Biral, Model B 1000 Shape Detector**, nimmt parallel in unterschiedlichen Winkelbereichen das vom Partikel erzeugte Streulicht auf. Material**unabhängige** und material**abhängige** Informationen des detektierten Ereignisses werden registriert. Durch eine entsprechende Anordnung von unterschiedlichen Detektoren und die parallele Aufnahme von Materialeigenschaften ist es möglich einen Asymmetriefaktor des detektierten Ereignisses zu bestimmen. Eine Unterscheidung der Partikel in Fasern, Kugeln und Zwischenformen ist somit möglich (Biral 1997, Kaye 1991).
- Der OPZ **Model 3312, UltraViolet Aerodynamic Particle Sizer (UV-APS)** von TSI kombiniert die Meßgeräte zur Bestimmung des aerodynamischen Durchmessers, der Streulichtintensität und der Fluoreszenzeigenschaft von Partikeln. Die Bestimmung des aerodynamischen Durchmessers und der Streulichtintensität in einem Meßbereich von 0,5 - 15 μm ermöglicht eine exakte Beschreibung der geometrischen Größe der detektierten Ereignisse. Der UV-Laser, der in einem Wellenlängenbereich von 325 nm arbeitet, regt gezielt intrazelluläre fluoreszierende Biomoleküle, wie z.B. NAD(P)H (nicotinamide adenine dinucleotide phosphate) und Riboflavin an. Die Biomoleküle emittieren, aufgrund der Anregung, in einem Wellenlängenbereich von 400 - 580 nm Licht. Der UV-Laser wird aus Energiegründen mit Hilfe des APS getriggert (Hariston 1997a).
- Das Japanische Patent mit der Patentnummer „JP-A-04/304,898" basiert auf der Methode der **Differenzmessung**. Das zu untersuchende Probevolumen wird mit Hilfe von zwei baugleichen optischen Partikelzählern (Firma Rion, Model KL-20A) vor und nach einer Veränderungseinheit vermessen. Die Veränderungseinheit übt auf die in dem Probenvolumen befindlichen Mikroorganismen einen Einfluß aus, der sich bei der Vermessung der Ereignisse vor und nach der Veränderung durch ein unterschiedlich starkes Streulichtsignal bemerkbar macht. Die Änderung des Streulichtsignals wird bei den untersuchten Mikroorganismen wie z.B. Hefe, E-coli und Micrococcus luteus durch eine Erwärmung auf ca. 80°C erreicht. Die Veränderung der Materialeigenschaften beruht auf der Denaturierung der Proteine. Mit Hilfe einer Differenzmessung vor und nach der Veränderung wird ein unterschiedlich starkes Streulichtsignal detektiert. Bei diesem Verfahren wird davon ausgegangen, daß abiotisches Material, wie z.B. Latexkügelchen, keine Signaländerung bei dieser Art der Behandlung hervorruft und somit eine Unterscheidung von Mikroorganismen und abiotischem Material vorgenommen werden kann (Nishiyama 1972).
- Ebenfalls besteht die Möglichkeit der Korrelation der Messergebnisse eines OPZ´s bzgl. der darin enthaltenen Keimzahlen. Basis dieses Meßverfahrens ist die Tatsache, daß bei allen gemessenen Partikelzahlen ein bestimmter prozentualer Anteil von Luftkeimen bzw. Bioaerosolen enthalten ist (Seipp 1992).

3 Analyse der Voraussetzungen für eine Meßeinrichtung zur direkten Unterscheidung von luftgetragenen Partikeln

3.1 Analyse der charakteristischen Eigenschaften von luftgetragenen Partikeln als Beurteilungskriterien

Luftgetragene Partikel innerhalb einer reinen Fertigungsumgebung werden von den unterschiedlichsten Quellen in die Umgebungsluft eingebracht (Buzek 1992c). Die Fertigungsumgebung, die Fertigungseinrichtung, die Rohstoffe, der Prozeß, das Produkt selbst, der Betrieb, die Reinigung und das Personal sind hierbei besonders hervorzuheben. Aufgrund der großen Vielfalt von luftgetragenen Partikeln ist für eine sichere Beurteilung des zu vermessenden Partikels der Nachweis von möglichst vielen charakteristischen Eigenschaften notwendig (Fujii 1996a). Für eine Meßeinrichtung zur direkten Unterscheidung von luftgetragenen biotischen und abiotischen Partikeln ist der direkte Nachweis von charakteristischen Eigenschaften eine Voraussetzung.

Der Nachweis von biotischen Eigenschaften von luftgetragenen Partikeln ist die Möglichkeit zur Bestimmung von lebenden Partikeln. Die biotischen Eigenschaften besitzen jedoch die Nachteile, daß sie zum einen nicht immer unmittelbar nach der Probenahme festgestellt werden können und zum anderen vom physiologischen Zustand der Zelle abhängig sind. So ist z.B. der Stoffwechsel bei einer Überdauerungsform von Zellen, den sogenannten Endosporen, auf ein Minimum reduziert. D.h. der Nachweis von stoffwechselaktiven Substanzen beschränkt sich auf den Nachweis von einzelnen Molekülen innerhalb einer Zelle. Dieser Nachweis kann in der Regel nur von komplexen Analysemethoden vorgenommen werden. Die Vermehrung und die Veränderungen setzten für den Nachweis dieser biotischen Eigenschaften eine Zellteilung voraus und diese beansprucht eine Teilungszeit von mehreren Minuten (Wallhäußer 1988b).

Die biotischen Eigenschaften sind aufgrund des unbekannten physiologischen Zustandes der Zelle und der im Minutenbereich liegenden Zellteilungszeit für eine Meßeinrichtung zur direkten Unterscheidung von luftgetragenen Partikeln nicht geeignet.

Der Nachweis von physikalischen Eigenschaften ist sowohl für biotische als auch für abiotische luftgetragene Partikel möglich. Mit ihrer Hilfe kann das Partikel bzgl. seiner Gestalt, seiner Masse, des Brechungsindizes sowie seiner Reflexionseigenschaften sehr genau beschrieben werden. Der Brechungsindex eines Partikels ist von seiner Zusammensetzung abhängig, d.h. diese Partikelinformation kann direkt dem Partikelmaterial zugeordnet werden (Fujii 1996b). Bild 3.1 zeigt eine Analyse der physikalischen Eigenschaften zur Beurteilung von luftgetragenen Partikeln.

4 Ableitung von Entwicklungsschwerpunkten für die Meßeinrichtung und für das Prüfverfahren zur Verifizierung der Meßeinrichtung

Wie die Analyse zeigt, gibt es derzeit keine industrietaugliche Meßeinrichtung zur direkten Unterscheidung von luftgetragenen biotischen und abiotischen Partikeln. Aus diesem Grund muß eine solche Meßeinrichtung entwickelt werden. Die Funktionalität der Entwicklung kann nicht mit einer bereits auf dem Markt erhältlichen Meßeinrichtung überprüft werden. Es ist deshalb notwendig für die zu entwickelnde Meßeinrichtung zusätzlich ein Prüfverfahren zur Verifizierung zu entwickeln.

4.1 Meßeinrichtung

Aus der Analyse lassen sich Schwerpunkte für die zu entwickelnde Meßeinrichtung ableiten. Das Bild 4.1 zeigt in einem tabellarischen Überblick die Entwicklungsschwerpunkte.

Entwicklungs-schwerpunkte hinsichtlich	Entwicklungsschwerpunkte im Detail	Muß	Wunsch
luftgetragener Partikel	Selektive Aufnahme von unterschiedlichen physikalischen Eigenschaften	●	
	Unterscheidung bzgl. biotischen und abiotischen Ursprungs der Partikel mit Hilfe von physikalischen Eigenschaften	●	
Meßgerät	Beschreibung der Partikel erfolgt ausschließlich über das vom Partikel erzeugte Streulicht	●	
	Unabhängig vom physiologischen Zustand der Luftkeime	●	
	Nachweis von Einzelereignissen	●	
	Nachweis von hohen Partikelkonzentrationen	●	
Gerätetechnik	Hoher Automatisierungsgrad	●	
	Geringer apparativer Aufwand		●

Bild 4.1: Ableitung von Entwicklungsschwerpunkten für die Meßeinrichtung zur direkten Unterscheidung von luftgetragenen biotischen und abiotischen Partikeln

Im Detail heißt das:

- Selektive Aufnahme von unterschiedlichen physikalischen Eigenschaften

  Mit Hilfe der selektiven Aufnahme von unterschiedlichen physikalischen Eigenschaften können materialunabhängige und materialabhängige Partikelinformationen ermittelt werden. Eine mögliche Unterscheidung der Partikel muß somit erreicht werden.

- Unterscheidung bzgl. biotischen und abiotischen Ursprungs der Partikel mit Hilfe von physikalischen Eigenschaften

  Der Nachweis biotischer Eigenschaften von luftgetragenen Partikeln eignet sich nicht für eine direkte Unterscheidung bzgl. des biotischen bzw. des abiotischen Ursprungs. Eine direkte Unterscheidung muß deshalb mit Hilfe des Nachweises der physikalischen Eigenschaften von Partikeln realisiert werden.

- Beschreibung der Partikel erfolgt ausschließlich über das vom Partikel erzeugte Streulicht

  Das von einem Partikel erzeugte Streulicht enthält materialunabhängige Informationen (Partikelgröße) und materialabhängige Informationen (Brechungsindex und Reflexion). Das Partikel kann daher sehr genau charakterisiert und beschrieben werden. Eine Unterscheidung der Partikel muß somit möglich sein.

- Unabhängig vom physiologischen Zustand des Luftkeims

  Die Meßeinrichtung muß nicht nur vermehrungsfähige Luftkeime sondern auch Luftkeime sicher nachweisen, die mit den Standardverfahren schwer zu kultivieren sind, so z.B. Luftkeime mit reduzierter Stoffwechselaktivität.

- Nachweis von Einzelereignissen

  In Produktionsbereichen A und B nach EG-GMP-Leitfaden, d.h. in sterilen Umgebungen, muß gewährleistet sein, daß die maximal zulässige Luftkeimzahl von 1 KBE / m^3 Luft sicher von den maximal zulässigen Partikelzahlen von 3500 Partikeln > 0,5 μm / m^3 Luft direkt unterschieden werden kann. Aus dieser Anforderung kann unmittelbar der Nachweis von Einzelereignissen abgeleitet werden. Es muß also jedes Partikelereignis innerhalb des Meßvolumenstroms zu 100 % nachgewiesen werden.

- Nachweis von hohen Partikelkonzentrationen

  Die Auflösung von hohen partikulären Kontaminationen ermöglicht den Einsatz der Meßeinrichtung bei unterschiedlichen Reinheitsklassen der Umgebungsluft. Im D-Bereich einer pharmazeutischen Produktion müssen Partikelkonzentrationen von 3.500.000 Partikel > 0,5 μm pro m^3 Luft nachgewiesen werden.

- Hoher Automatisierungsgrad

  Der hohe Automatisierungsgrad muß dem Wunsch nach Reduzierung des möglichen Probenahmeeinflusses Rechnung tragen. Probenahme und Auswertung erfolgen direkt vor Ort, d.h. der Meßtechniker muß während der Messung nicht mehr eingreifen.

- Geringer apparativer Aufwand

  Der Einsatz von Meßtechnik zur Qualifizierung bzw. für das Monitoring der Umgebungsluft muß in sterilen Herstellbereichen auf ein Minimum reduziert sein. Der apparative Aufwand sollte deshalb durch die neue Meßeinrichtung nicht unnötig vergrößert werden.

4.2 Prüfverfahren zur Verifizierung der Meßeinrichtung

Zur Überprüfung der Funktionalität der Meßeinrichtung ist ein geeignetes Prüfverfahren notwendig. Wie aus dem Stand der Technik ersichtlich, gibt es derzeit kein Prüfverfahren, das für die Verifizierung der zu entwickelnden Meßeinrichtung geeignet wäre. Es ist deshalb notwendig ein Prüfverfahren bestehend aus Prüfeinrichtung und Prüfmethode zu entwickeln.

Die Entwicklungsschwerpunkte an die Prüfeinrichtung lassen sich wie folgt zusammenfassen:

- Reproduzierbare Erzeugung von biotischen und abiotischen Testpartikeln

  Die zu entwickelnde Meßeinrichtung soll eine direkte Unterscheidung von luftgetragenen biotischen und abiotischen Partikeln ermöglichen. Das bedeutet, daß die Prüfeinrichtung biotische und abiotische Partikel reproduzierbar als Testaerosole zur Verfügung stellen können muß.

- Geschlossenes und sterilisierbares System

  Die Prüfeinrichung muß aufgrund von Sicherheitsaspekten als geschlossenes System ausgeführt sein. Biotisches Material darf bei der Durchführung von Experimenten auf keinen Fall unkontrolliert nach außen gelangen. Zur Vermeidung von Querkontaminationen, z.B. bei Wechsel der biotischen Testpartikel oder bei Austausch von Systemkomponenten, muß das gesamte System sterilisierbar sein.

- Probenahmevorrichtung zur direkten Anbindung der Meßeinrichtung

  Die Prüfeinrichtung muß über eine Probenahmevorrichtung mit der Meßeinrichtung direkt verbunden werden. Die Probenahmevorrichtung darf keinen Einfluß auf die durchzuführenden Experimente ausüben. Das bedeutet, daß die eigentliche Probenahme das Testaerosol nicht beeinträchtigen darf und auf die Belange eines OPZ ausgerichtet sein muß.

Die Entwicklungsschwerpunkte an die Prüfmethode lassen sich wie folgt darstellen:

- Simulation von semi-realen Umgebungsbedingungen

  Für die Prüfung müssen „semi" reale Umgebungsbedingungen bzgl. der Partikel- und Keimbelastungen simuliert werden. D.h., im Gegensatz zur natürlichen Verteilung der Aerosole in der Umgebungsluft müssen für eine sinnvolle Verifizierung der Meßeinrichtung die Vertreter der biotischen und abiotischen Partikel sowie deren Konzentrationen bekannt sein. Die Konzentrationen der luftgetragenen Partikel orientieren sich an den einzuhaltenden Reinheitsklassen in den entsprechenden Industrien. Somit wird sicher gestellt, daß die Entwicklung stets unter dem Blickwinkel der Industrietauglichkeit erfolgt.

- Auswahl geeigneter biotischer und abiotischer Testpartikel

  Die Überprüfung der Funktionalität der Meßeinrichtung muß mit biotischen und abiotischen Testpartikeln vorgenommen werden. Aufgrund der Vergleichbarkeit der Ergebnisse sollten die physikalischen Parameter der Partikel, wie z.B. Größe und Form, nicht zu stark voneinander differieren.

- Vergleichbare Prüfabläufe

  Eine sinnvolle Verifizierung der Meßeinrichtung setzt eine Überprüfung mit unterschiedlichsten Testpartikeln voraus. Aufgrund der Vergleichbarkeit der Ergebnisse müssen die Prüfabläufe und Prüfbedingungen genau festgelegt werden.

- Mikrobiologische Kontrolluntersuchungen

  Mit Hilfe von mikrobiologischen Kontrolluntersuchungen muß die Auswirkung der Meßeinrichtung auf die biotischen Partikel untersucht werden.

5.2.1 Optischer Partikelzähler mit Mehrwinkeldetektion

Die theoretischen Grundlagen der Streulichtdetektion zeigen, daß ein optischer Partikelzähler (OPZ) mit mehreren Detektionswinkeln prinzipiell in der Lage ist unterschiedliche physikalische Eigenschaften von luftgetragenen Partikeln parallel zu detektieren. Bei richtiger Wahl der Detektionswinkel können materialunabhängige (Beugung) und materialabhängige (Brechung, Reflexion) Eigenschaften aufgenommen werden. Eine differenzierte Aussage über das Partikel wie über Größe, Form, Oberfläche und Brechungsindex kann somit getroffen werden.

Ein optischer Partikelzähler mit Mehrwinkeldetektion wird prinzipiell in die Funktionseinheiten Detektoren, Lichtquelle, Meßvolumen, Meßzelle und Hilfskomponenten wie z.B. Fördersystem, Verrohrung, Filter usw. unterteilt. Die Einflußnahme der Anforderungskriterien auf die einzelnen Funktionseinheiten ist in Bild 5.4 dargestellt.

Anforderungen \ Funktionseinheiten	Detektoren	Lichtquelle	Meßvolumen	Meßzelle	Hilfs-komponenten
Selektive Aufnahme von mehreren physikalischen Eigenschaften	●				
Unabhängig vom physiologischen Zustand der Luftkeime	●				
Nachweis von Einzelereignissen	●	●	●		
Nachweis von hohen Partikelkonzentrationen			●		
Hoher Automatisierungsgrad					●
Geringer apparativer Aufwand				●	●

Bild 5.4: Einflußnahme der Anforderungen auf die einzelnen Funktionsein-heiten eines optischen Partikelzählers mit Mehrwinkeldetektion

Für die Konzeption und Entwicklung des OPZ mit Mehrwinkeldetektion wird bei den technischen Funktionseinheiten wie bei den Detektoren, der Lichtquelle sowie bei den Hilfskomponenten darauf geachtet, daß ausschließlich auf dem Markt erhältliche Einheiten Verwendung finden. Die Entwicklungsschwerpunkte liegen in der Auslegung der Mehrwinkeldetektion, d.h. in der Anzahl, Lage und Fenstergröße der Detektoren zur selektiven Aufnahme von materialunabhängigen (Beugung) und materialabhängigen (Brechung und Reflexion) Eigenschaften des Partikels, sowie im konstruktiven Aufbau des OPZs.

Die nachfolgende Beschreibung zeigt die Konzeption und Entwicklung der einzelnen Funktionseinheiten.

- ❑ Auswahl einer geeigneten Lichtquelle

Zur Überprüfung der maximal zulässigen Grenzwerte aus dem EG-GMP-Leitfaden müssen Partikel mit einer Mindestgröße von 0,5 μm nachgewiesen werden. Damit ein OPZ das von **einem** einzigen 0,5 μm-Partikel erzeugte Streulicht zu 100 % erfassen kann, wird die geforderte Spezifikation von 0,5 μm auf 0,3 μm herabgesetzt. Für eine sichere Detektion des von einem 0,3 μm großen Partikel erzeugten Streulichts muß eine Lichtquelle mit hoher Intensität eingesetzt werden. Als Lichtquelle wird ein Diodenlaser mit einer Wellenlänge von 670 nm und einer Leistung von 30 mW ausgewählt. Das Laserlicht wird mit Hilfe von optischen Komponenten so eingestellt, daß die Lichtintensität über dem zu überprüfenden Meßbereich nahezu konstant verteilt ist.

- ❑ Auslegung des Meßvolumens

Das Meßvolumen ist definiert als der Bereich des Lichtstrahles, der von einem vom Partikel durchquert werden kann. Mit den Parametern „Breite des Meßvolumenstrahls“ und „Strahlhöhe des Lichtstrahls“ wird das Meßvolumen beschrieben. Die Auslegung des Meßvolumens wird maßgeblich von den Bedingungen „Nachweis von Einzelereignissen“ und „Nachweis von hohen Partikelkonzentrationen“ beeinflußt. Bild 5.5 zeigt die Auslegung des Meßvolumens.

Festlegung		Innendurchmesser der Austrittsdüse			
Meßvolumenstrom $V_{meß}$	2,83 l/min				
Meßstrahlhöhe $h_{meß}$	1,0 mm	0,5 mm	**1,0 mm**	1,5 mm	2,0 mm
Auslegung Meßvolumen					
Geschwindigkeit des Partikels	v_P	240,34 m/s	60,08 m/s	26,70 m/s	15,02 m/s
Verweildauer des Partikels im Meßvolumen	t_P	4 μs	17 μs	37 μs	67 μs
Maximale Partikelkonzentration	C_{max}	5,1E+9 P/m³	1,3E+9 P/m³	5,7E+8 P/m³	3,2E+8 P/m³
Maximal zulässige Partikelkonzentration	$C_{zul.}$	3,5E+6 P/m³	3,5E+6 P/m³	3,5E+6 P/m³	3,5E+6 P/m³

Bild 5.5: Auslegung des Meßvolumens mit Kennzeichnung (fett) des ausgewählten Innendurchmessers der Austrittsdüse

Der Nachweis von Einzelereignissen setzt voraus, daß der Lichtstrahl breiter ist als der Meßvolumenstrahl und die Lichtintensität über dem Meßbereich nahezu konstant gehalten wird. Bei hohen Partikelkonzentrationen besteht die Gefahr des gleichzeitigen Aufenthaltes von zwei bzw. mehreren Partikeln innerhalb des Meßvolumens. Dies bedeutet, daß das erzeugte Streulicht nicht von einem einzigen, sondern von mehreren Partikeln abstammt. Zur Vermeidung dieser Koinzidenzeigenschaft muß gewährleistet werden, daß die maximal zulässige Partikelkonzentration zu 100 % nachgewiesen werden kann. Die in dieser Berechnung ausgewählten Werte für die Variable „Breite des Meßvolumenstrahls" erfüllen immer die Bedingung des Nachweises der maximal zulässigen Partikelkonzentration. Aufgrund der Bedingung „gleichmäßige Verteilung der Strahlintensität über das gesamte Meßvolumen" wird die Strahlhöhe und der Innendurchmesser der Austrittsdüse auf eine Größe von jeweils 1 mm festgelegt.

❑ Aufbau der Meßzelle

Die Meßzelle muß eine sichere und reproduzierbare Vermessung von luftgetragenen biotischen und abiotischen Partikeln gewährleisten. Die Meßzelle muß somit für eine mechanisch stabile Aufnahme der Detektoren und der Lichtquelle ausgelegt sein. Umgebungseinflüsse wie z.B. Temperatur, Feuchte oder Berührung dürfen die Einstellungen der Meßanordnung nicht beeinflussen. Ein modularer und flexibler Aufbau muß ohne großen Aufwand den Austausch von einzelnen Detektoren bzw. unterschiedliche Lichtquellen ermöglichen.

Beim Design des Inneren der Meßzelle muß auf die Gefahr einer möglichen Kontamination durch das zu vermessende Gut geachtet werden. Das Innere muß daher gut reinigbar und desinfizierbar sein. Diese Anforderung hat strömungstechnische sowie konstruktive Maßnahmen zur Folge. Das Innere der Meßzelle muß mit Hilfe eines Stützluftvolumenstroms vor einer Kontamination durch den Meßvolumenstrom geschützt werden. Der Stützluftvolumenstrom umhüllt hierbei wie ein Hohlzylinder den Meßvolumenstrom. Alle nicht reinigbaren bzw. desinfizierbaren Bauteile müssen räumlich von der Meßzelle getrennt sein. Dies gilt insbesondere für die Elektronik, für kritische Bauteile des Detektionssystems und für die Lichtquelle. Aufgrund des durch die Probenahme erzeugten Unterdrucks innerhalb der Meßzelle muß sichergestellt werden, daß keine Leckageluft von außen in das Innere der Meßzelle eintreten kann und somit das Meßergebnis verfälscht. Die Meßzelle muß als geschlossenes System druckdicht ausgeführt werden.

❑ Hilfskomponenten

Eine Verdrängerpumpe fördert den Meß- und den Stützluftvolumenstrom, wobei die Stützluft im Kreislauf gefahren wird. Das Verhältnis von Meß- zu Stützluftvolumenstrom muß mit Hilfe von Volumenstromreglern einstellbar und kontrollierbar sein. Bei durchgeführter Kontrolle der Volumenströme erfolgt die eigentliche Messung dann automatisch. Mit Hilfe von Probenahmeventilen am Ein-

und am Ausgang der Meßzelle müssen während einer Messung Proben gezogen werden können. Sterilfilter zur Reinigung des Abluftvolumenstroms und der Stützluft sorgen für einen sicheren und reproduzierbaren Betrieb des OPZ.

❑ Auslegung der Anzahl, Lage und Größe der Detektionsfenster

Die Auslegung der Anzahl, Lage und Größe der Detektionsfenster entscheidet über die Funktionalität des OPZ bzgl. der selektiven Erfassung von materialunabhängigen und materialabhängigen Partikelinformationen. Werden die Detektionsfenster zu groß gewählt, nimmt die Selektivität ab. Werden sie zu klein gewählt, reicht das erfaßte Streulicht für eine eindeutige Signalerzeugung im Detektor nicht mehr aus. Das erzeugte Streulichtsignal verschwindet im Hintergrundrauschen der Elektronik.

Die Vorgehensweise zur Auslegung der Anzahl, Lage und Größe der Detektionsfenster unterteilt sich in die Schritte:

- Auslegung aufgrund theoretischer Betrachtungen
- Rechnerische Überprüfung der theoretischen Auslegung
- Festlegung der Anzahl, Lage und Größe der Detektionsfenster

- Auslegung aufgrund theoretischer Betrachtungen

Mit Hilfe der Streulichttheorie können Streuwinkelbereiche festgelegt werden, bei denen eine differenzierte Beschreibung der Partikel theoretisch möglich ist. So können z.B. im nahen Vorwärtsbereich materialunabhängige und im 90 °-Bereich materialabhängige Partikelinformationen erfaßt werden. Der dabei ermittelte Streulichtkoeffizent Q setzt sich aus den Anteilen Beugung Q_0, Reflexion Q_1 und Brechung Q_2 zusammen.

Im nahen Vorwärtsbereich dominiert die Beugung gegenüber den anderen Streulichtanteilen. Der dimensionslose Größenparameters α, eine Funktion des Partikeldurchmesser d und der Wellenlänge des Lichtes λ, übt hierbei einen entscheidenden Einfluß auf die Größe des Detektionsfensters aus. Betrachtet man den Größenbereich der zu erwartenden biotischen Partikel erhält α bei einer Wellenlänge des Lichtes von λ = 670 nm und einem Partikelgrößenbereich von 0,6 bis 3 μm, einen Wert zwischen 2,8 und 14,1. Je kleiner α wird, desto geringer wird die Dominanz des Beugungsanteiles Q_0 zum Streulichtkoeffizenten Q. Für einen Streuwinkelbereich $\theta > 30$ ° erhält der Brechungsanteil Q_2 einen höheren Stellenwert als Q_0. Es ist deshalb sinnvoll die obere Grenze dieses Detektionsbereiches auf maximal $\theta = 30$ ° festzulegen. Die Tatsache, daß im nahen Vorwärtsbereich der Bereich von $\theta > 0$ bis 10 °, abhängig von der Geometrie der Meßzellen und der Detektoren, ausgeblendet werden muß, legt die untere Grenze des

Detektionsbereiches fest. Erfolgt diese Ausblendung nicht, überlagert der Primärstahl das erzeugte Streulicht in diesem Winkelbereich um ein Mehrfaches.

Der Winkelbereich des Detektionsfensters „im nahen Vorwärtsbereich" umfaßt aufgrund der theoretischen Überlegungen einen Streuwinkelbereich von $\theta = 10$ bis 30 °.

Im 90 °-Streuwinkelbereich werden hauptsächlich materialabhängige Partikelinformationen erfaßt. Der Brechungsanteil Q_2 übt hierbei den größten Einfluß auf den Streulichtkoeffizienten Q aus. Die Auslegung der oberen und unteren Grenze dieses Streuwinkelbereichs orientiert sich an der Zusammensetzung der zu erfassenden Partikel. Mikroorganismen bestehen zu über 70 % aus Wasser und ihre Trockenmasse aus bis zu 50 % Protein. Die Auslegung des Streuwinkelbereichs muß eine Erfassung der Brechungsindizes der einzelnen Hauptbestandteile ermöglichen. Zusätzlich sollte der Brechungsindex von Latex, welches als Kalibrieraerosol für optische Partikelzähler eingesetzt wird, in diesem Streuwinkelbereich erfaßt werden.

Das Detektionsfenster „im 90 °-Detektionsbereich" umfaßt aufgrund der theoretischen Überlegungen einen Streuwinkelbereich von $\theta = 70$ bis 110 °.

- Rechnerische Überprüfung der theoretischen Auslegung

Die rechnerische Überprüfung hat zum Ziel, die theoretische Auslegung der Detektionsfenster zu untermauern. Mit Hilfe eines Berechnungsprogramms (Wrieth 1993) werden Streulichtintensitäten von Partikeln mit variierenden Brechungsindizes für unterschiedliche Streuwinkel berechnet. Der Realteil des Brechungsindexes wird hierbei, abgeleitet aus den theoretischen Überlegungen, von $n = 1{,}3$ bis 1,6 und der Imaginärteil von $k = 0{,}1$ bis 0,4 variiert.

Die nachfolgenden Bilder 5.6 bis 5.9 zeigen die Berechungsergebnisse für einen ideal runden Partikel mit einer Größe von 1 μm. Bild 5.6 zeigt die Streulichtintensität aufgetragen über dem Streuwinkel bei variierendem Imaginärteil. Bild 5.7 zeigt die Summe der Streulichtintensität eines Detektionsfensters mit einer Größe von 30 ° bei variierendem Imaginärteil, aufgetragen über dem Streuwinkelbereich. Die Bilder 5.8 und 5.9 zeigen die Berechnungsergebnisse bei der Variierung des Realteils.

Die Ergebnisse zeigen, daß sich die Streulichtintensität für einen Partikel mit der Größe von 1 μm in einem Streuwinkelbereich von 10 bis 30 ° bei variierendem Imaginärteil kaum ändert. Im Streuwinkelbereich von 70 bis 110 ° übt die Änderung des Imaginärteils einen starken Einfluß auf das Streulichtsignal aus. Je höher der Imaginärteil, d.h. die Absorptionskonstante des Partikels, wird um so niedriger wird die erzeugte Streulichtintensität. Variiert der Realteil, d.h. das Reflexionsvermögen des Partikels, kann festgestellt werden, daß im nahen Vorwärtsbereich die Streulichtintensität bei größer werdendem Realteil abnimmt und im 90 °-Bereich zunimmt. Aus Bild 5.9 kann der Umkehrpunkt dieser Tatsache ermittelt werden.

Dieser liegt bei ca. 55 ° Streuwinkelbereich. Bei Variation der Partikelgröße werden analog zu diesen Ergebnissen, ähnliche Effekte festgestellt.

Die Ergebnisse der Berechnungen bestätigen die theoretisch ausgelegten Detektionsfenster. Aufgrund der Tatsache, daß sich bei variierendem Realteil ein Umkehrpunkt für den Verlauf der Streulichtintensitäten aufzeigen läßt, wird in diesem Bereich ein zusätzliches Detektionsfenster installiert. Die Fenstergröße wird ebenfalls, wie im 90 °-Bereich, auf 30 ° festgelegt.

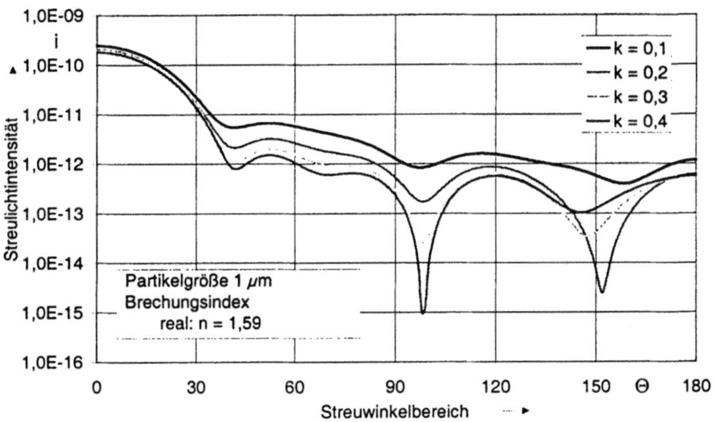

Bild 5.6: Berechnete Streulichtintensität i für einen Partikel mit der Größe von 1 μm bei variierendem Imaginärteil k, aufgetragen über dem Streuwinkel θ

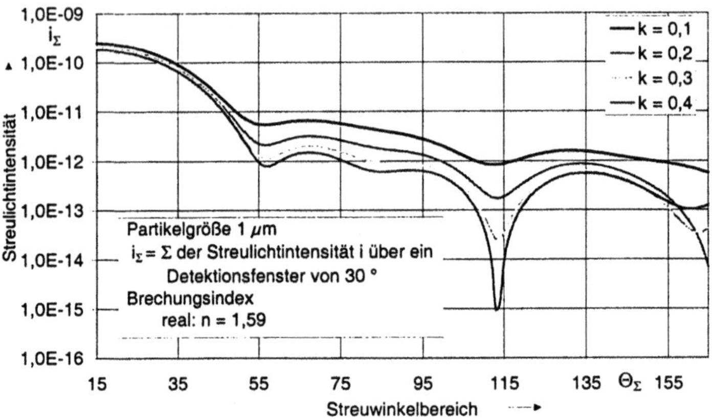

Bild 5.7: Berechnete Summe der Streulichtintensität i_Σ über ein Detektionsfenster von 30 ° für einen Partikel mit der Größe von 1 µm bei variierendem Imaginärteil k, aufgetragen über dem Streuwinkel θ_Σ

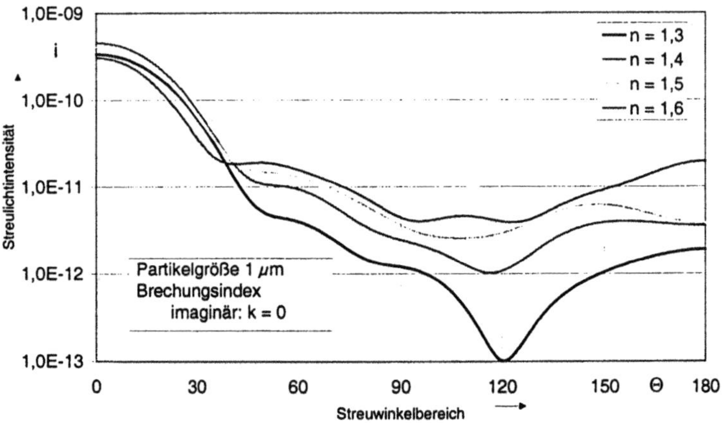

Bild 5.8: Berechnete Streulichtintensität i für einen Partikel mit der Größe von 1 µm bei variierendem Realteil n, aufgetragen über dem Streuwinkel θ

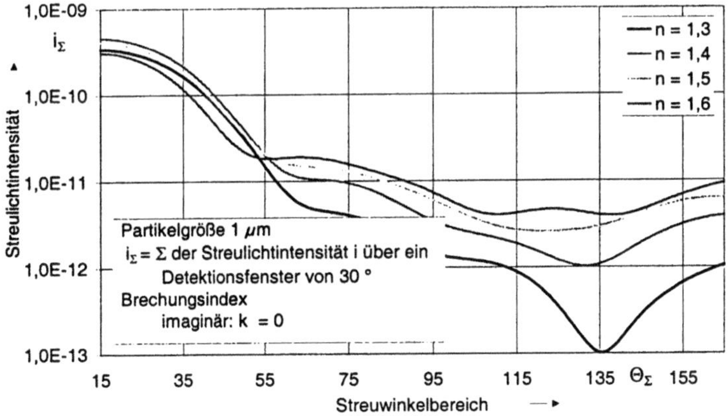

Bild 5.9: Berechnete Summe der Streulichtintensität i_Σ über ein Detektionsfenster von 30 ° für einen Partikel mit der Größe von 1 µm bei variierendem Realteil n, aufgetragen über dem Streuwinkel θ_Σ

- Festlegung der Anzahl, Lage und Größe der Detektionsfenster

Die Anzahl der Detektionsfenster wird aufgrund der theoretischen Überlegungen und der Ergebnisse der Berechnungen auf **drei** Detektionsfenster festgelegt. Die Lage und Größe der Detektionsfenster wird wie folgt festgelegt:

Detektionsfenster 1:	θ = 10 bis 30 °	Streuwinkelbereich,
Detektionsfenster 2:	θ = 40 bis 70 °	Streuwinkelbereich und
Detektionsfenster 3:	θ = 75 bis 105 °	Streuwinkelbereich.

Mit dieser Anordnung der Detektionsfenster kann ein Streuwinkelbereich von 10 bis 105 ° in drei Abschnitten nahezu lückenlos erfaßt werden.

Bild 5.10 zeigt schematisch den Aufbau der Meßzelle zur selektiven Erfassung des von einem Partikel erzeugten Streulichts in drei unterschiedlichen Detektionsbereichen.

Die Versuche zeigen, daß bei einer Vergleichsmessung ohne und mit Mikrowellenstrahlung, mit einem maximalen Leistungseintrag von 1200 W, **keine** optisch sichtbaren Veränderungen mit Hilfe des OPZ erfaßt werden können.

- Infrarotstrahlung

Wirkungsmechanismus

In einem Wellenlängenbereich von 3 bis 1000 μm wird Strahlungsenergie auf den zu erwärmenden Mikroorganismus übertragen. Hierbei ist die Eindringtiefe entscheidend für die Energieübertragung und letztendlich für eine erfolgreiche Denaturierung der Proteine.

Funktionalitätsüberprüfung

Die Veränderungskammer besteht aus einem Quarzglasrohr mit einem Innendurchmesser von 12 mm, einer Länge von 1000 mm und zwei 1500 W starke Infrarotstrahler mit jeweils 350 mm Länge. Die IR-Strahler besitzen einem Abstand von 50 mm zum Quarzglasrohr.

Die Überprüfung der Funktionalität erfolgt mit dem OPZ der Firma PMS, Typ μLPC110, und mit Micrococcus luteus als Testaerosol.

Bei den vorgenommen Vergleichsmessungen mit und ohne Infrarotstrahlung kann **keine** optisch sichtbaren Veränderungen mit Hilfe des OPZ erfaßt werden.

- Elektrisches Feld

Wirkungsmechanismus

Ein Mikroorganismus besteht aus einer nichtleitenden Membran, die eine gut leitende Zellflüssigkeit (Cytoplasma) umschließt. Durchquert dieser Mikroorganismus ein elektrisches Feld, so bildet sich über seiner Zellmembran ein Potentialgradient aus und im Inneren der Zelle erfahren die dielektrische Moleküle eine Ausrichtung. Eine Zerstörung der Zellmembran mit gleichzeitigem Austritt von Zellinhaltsstoffen kann die Folge sein, die Materialzusammensetzung des Zellinneren und die Größe kann sich dadurch ändern.

Funktionalitätsüberprüfung

Das entwickelte und realisierte Energieeintragssystem besteht aus 30 in Reihe geschalteten Elektrodenpaare (Kondensatorprinzip) mit einer Breite von 10 mm und einem Abstand von ebenfalls 10 mm. Die Isolationsstrecke zwischen den Elektrodenpaare beträgt 10 mm. An jeder dieser Elektroden kann eine maximale Hochspannung von 10 kV angelegt werden. Innerhalb der Elektroden befindet sich ein Glasrohr mit einer Gesamtlänge von 1000 mm und einem Innendurchmesser von 6 mm. Durch dieses Glasrohr wird der Meßvolumenstrom hindurch geleitet. Die darin befindlichen Mikroorganismen erfahren je Elektrodenpaar einen Impulsstoß.

Die Überprüfung der Funktionalität erfolgt ebenfalls mit dem OPZ der Firma PMS, Typ μLPC110,und mit Micrococcus luteus als Testaerosol.

Bei den durchgeführten Vergleichsmessungen mit und ohne elektrischem Feld kann **keine** optisch sichtbaren Veränderungen erfaßt werden.

- Temperaturabhängige Verfahren

Wirkungsmechanismus

Erwärmt man den Meßvolumenstrom, so wird diese Erwärmung auf die darin befindlichen Testaerosole mit Hilfe von Konvektion übertragen. Bei ausreichender Energieübertragung besteht die Möglichkeit, die Proteine der Mikroorganismen im Zellinnern zu denaturieren.

Funktionalitätsüberprüfung

Als Energieeintragssystem wird ein Edelstahlrohr mit einem Innendurchmesser von 12 mm und einer Länge von 1000 mm gewählt. Das Edelstahlrohr wird mit einem elektrisch beheizbaren Mantel auf einer Länge von ca. 800 mm umwickelt. Die Heiztemperatur kann bis auf maximal 450 °C eingestellt und während des Versuchs überwacht und geregelt werden.

Die Überprüfung der Funktionalität erfolgt, wie bei den vorhergehenden Untersuchungen, mit dem OPZ der Firma PMS, Typ μLPC110, und mit Micrococcus luteus als Testaerosol.

Bei den durchgeführten Vergleichsmessungen mit und ohne Mantelheizung **kann** bei unterschiedlichen Partikelkonzentrationen **optisch sichtbare Veränderungen erfaßt werden**. Daraus folgt, daß bei einer Aufenthaltsdauer des Luftkeims von ca. 2,4 s (Meßvolumenstrom: 2,83 l/min) innerhalb der Veränderungskammer physikalische Eigenschaften von luftgetragenen biotischen Partikel geändert und mit Hilfe der Streulichtmessung nachgewiesen werden kann. Eine genauere Spezifizierung der hervorgerufenen Änderung kann mit dem eingesetzten OPZ jedoch nicht erfolgen.

Das temperaturabhängige Verfahren bildet die Basis für die Entwicklung der Veränderungseinheit. Aus den vorhergehenden theoretischen Betrachtungen und den durchgeführten Voruntersuchungen wird das Pflichtenheft für die Veränderungseinheit zur gezielten Veränderung der physikalischen Eigenschaften von luftgetragenen biotischen Partikeln abgeleitet.

Als Veränderungskammer muß ein Edelstahlrohr mit einer Länge von 1000 mm und einem Innendurchmesser von 12 mm eingesetzt werden. Die Verweildauer der Testaerosole innerhalb der Veränderungskammer muß bei gleichbleibender Strömungsgeschwindigkeit einstellbar sein. Dies wird durch einen modularen Aufbau des Edelstahlrohres erreicht. Das Edelstahlrohr ist hierzu in drei gleiche Teile zu unterteilen und mit temperaturbeständigen Fittings zu versehen. An den

Enden des Edelstahlrohrs muß ein Übergang auf flexible Schläuche realisiert werden. Mit ihrer Hilfe wird die Anbindung an den OPZ und an die Probenahmestelle vorgenommen.

Das Energieeintragssystem muß, analog zum Edelstahlrohr, aus einem dreigeteilten Heizmantel bestehen, der bis zu einer maximalen Manteltemperatur von 500 °C für jeden Heizabschnitt separat betrieben und geregelt werden muß. Aufgrund der Vermeidung von thermischen Spannungen innerhalb des optischen Meßsystems muß der aufgeheizte Meßvolumenstrom mit Hilfe eines Kühlers wieder auf Raumtemperatur 25 °C ± 5 °C abgekühlt werden.

5.2.3 Signalerfassung und Signalaufbereitung

Die Signalerfassung und Signalaufbereitung muß für den optischen Partikelzähler mit Mehrwinkeldetektion speziell konzipiert und entwickelt werden. Die Signalerfassung und Signalaufbereitung wird in die Funktionseinheiten analoge Signalaufbereitung, Analog- / Digital-Wandler und Signalverarbeitung unterteilt. In den Detektoren des OPZ wird das empfangene Streulicht in ein analoges Signal umgewandelt. Das analoge Signal wird anschließend mit einem Analog- / Digital-Wandler digitalisiert und der Signalaufbereitung zur Verfügung gestellt. Bild 5.13 zeigt die Beeinflussung der Funktionseinheiten aufgrund der Anforderungen an die zu entwickelnde Meßeinrichtung.

Funktionseinheiten / Anforderungen	Analoge Signalaufbereitung	Analog- / Digitalwandler	Signalverarbeitung
Nachweis von Einzelereignissen	●		
Nachweis von hohen Partikelkonzentrationen		●	●
Hoher Automatisierungsgrad			●

Bild 5.13: Einflußnahme der Anforderungen auf die einzelnen Funktionseinheiten der Signalerfassung und Signalaufbereitung

❑ Analoge Signalaufbereitung

Die Elektronik für die analoge Signalaufbereitung muß die geforderte Mindestpartikelgröße von 0,3 μm eindeutig als Streulichtsignal erfassen können. Für die Elektronik bedeutet dies, daß das elektronische Grundrauschen deutlich unterhalb des von einem 0,3 μm Partikel erzeugten Streulichtsignals liegen muß. Das Signal- /Rauschverhältnis wird deshalb für diese Entwicklung auf 2 zu 1 festgelegt.

❑ Analog- / Digital-Wandler

Die wichtigsten Kenngrößen eines A/D-Wandlers sind die Auflösung (bit) und die Abtastfrequenz (Hz). Die Auflösung wird mit 12 bit festgelegt, d.h. die Bandbreite des Analog-Signals wird nach der Digitalisierung in 4096 Kanäle unterteilt. Mit dieser feinen Unterteilung können kleinste Signaländerungen wahrgenommen werden. Die Abtastfrequenz gibt an, in welcher Frequenz das analoge Signal erfaßt und in ein digitales Signal umgewandelt wird. Die Geschwindigkeit der Signalumwandlung muß so schnell sein, so daß die geforderte maximale Partikelkonzentration von 3.500.000 Partikel pro m^3 Luft sicher nachgewiesen werden kann. Zusätzlich muß jedes erzeugte analoge Streulichtsignal mehrfach abgetastet werden. Die Abtastrate wird auf die 32-fache Abtastung des einzelnen Meßsignals festgelegt. In Bild 5.14 ist die Auslegung der Abtastrate für die A/D-Wandlung dargestellt. Die festgelegten Parameter wie Meßvolumenstrom, Meßstrahlhöhe und Innendurchmesser der Austrittsdüse sind identisch mit den Parametern aus der „Auslegung des Meßvolumens“.

Festlegung	Formelzeichen	Wert
Meßvolumenstrom	$V_{meß}$	**2,83 l/min**
Meßstrahlhöhe	$h_{meß}$	**1,0 mm**
Innendurchmesser der Austrittsdüse	d_i	**1,0 mm**
Auslegung A/D-Wandler		
Geschwindigkeit des Partikels	v_P	60,08 m/s
Verweildauer des Partikels im Meßvolumen	t_P	17 μs
Maximale Partikelkonzentration	C_{max}	1,27E+9 P/m³
Maximal zulässige Partikelkonzentration	C_{zul}	3,50E+6 P/m³
Ereignisfrequenz	f_P	***60 kHz***
Abtastrate bei 32- facher Abtastung	f_A	***1,92 MHz***
Abtastrate bei 3 Kanälen	$f_{A\_3Kanäle}$	***6 MHz***

Bild 5.14: Auslegung der Abtastrate für den Analog- / Digital-Wandler mit den minimal Anforderungen (fett, kursiv)

Mit dieser Auslegung wird eine sichere Signalumwandlung von Analog in Digital mit möglichst wenig Informationsverlust gewährleistet.

Die Meßzelle besteht aus drei Detektoren, einer Laserlichtquelle, einer Lichtfalle und der Systeme für die Zu- sowie für die Abfuhr der zu vermessenden Probenluft. Die komplette Meßzelle wird aus fertigungstechnischen Gründen aus matteloxiertem Aluminium hergestellt. Der Aufbau erlaubt keine Dampfsterilisation, da die Laserlichtquelle im Gegensatz zu den Detektoren und der Lichtfalle nicht gasdicht vom Innenraum der Meßzelle getrennt ist. Die Detektoren beinhalten die optischen Systeme, die Photodioden und die Elektronik für die Erfassung des Streulichts. Der Detektionsbereich der Optik wird mit Hilfe von Blenden auf die ausgelegten Detektionswinkel angepaßt. Der Vorwärtsbereich erfaßt einen Streuwinkelbereich von θ = 10 bis 30 °, der 90 °-Bereich erfaßt θ = 75 bis 105 ° und der dazwischen liegende Bereich erfaßt θ = 40 bis 70 °.

❑ Funktionsüberprüfung

Zur Überprüfung der Funktionalität des OPZ wird zum einen die Kalibrierkurve aufgenommen und zum anderen die maximal zulässige Partikelkonzentration dem OPZ zugeführt. Als Kalibrieraerosol wird Latex mit einem Größenbereich von 0,3 bis 2 μm eingesetzt. Die dabei erzeugten Streulichtsignale werden mit Hilfe eines Oszilloskops einzeln für jeden Detektor erfaßt. Die Kalibrierkurven für die einzelnen Detektoren sind in Bild 5.17 dargestellt. Hierbei wird die vom Streulicht erzeugte Spannung über dem Partikeldurchmesser aufgetragen.

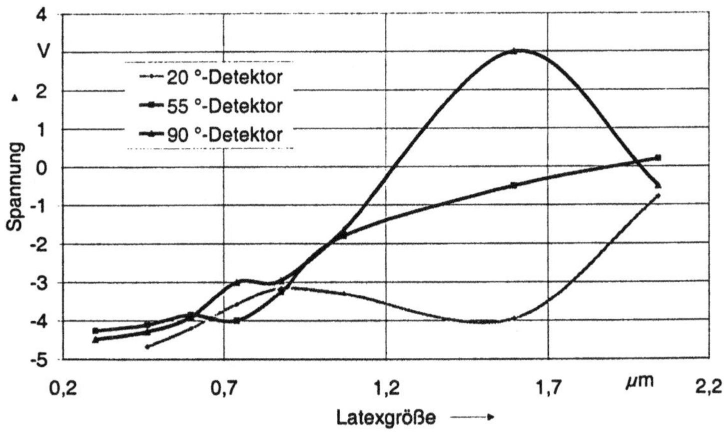

Bild 5.17: Kalibrierkurven der einzelnen Detektoren

Die Kalibrierkurven zeigen die typischen Verläufe der Streulichtintensitäten bei Verwendung einer Laserlichtquelle. Wie aus der Kalibrierkurve ersichtlich, können Partikel mit einer Größe < 0,5 μm ohne Probleme erfaßt werden. Zur der Ermittlung der Kalibrierkurven werden dem OPZ ca. 300 Partikel pro Sekunde zugeführt. Dies ergibt eine Partikelkonzentration von ca. 6.300.000 Partikel / m³, d.h. der geforderte Wert von 3.500.000 Partikel / m³ wird mit diesem OPZ übertroffen ohne in die Koinzidenz zu gelangen.

5.3.2 Realisierung und Funktionsüberprüfung der Veränderungseinheit

❑ Realisierung

Die Veränderungseinheit besteht aus drei Edelstahl-Rohrstrecken, die miteinander verschraubt werden können. Die Länge der Einzelteile der Beeinflussungsstrecke beträgt jeweils 330 mm inklusive der Verschraubungselemente. Die Verschraubungen sind, aufgrund der hohen Betriebstemperaturen, mit metallischen Dichtungen ausgeführt. Die Kühlstrecke mit einer Länge von 500 mm wird benötigt, damit das aufgeheizte Probevolumen wieder auf die zulässigen Einsatztemperaturen der einzelnen optischen Partikelzähler herunter gekühlt werden kann. Jede der drei einzelnen Beeinflussungsstrecken ist mit einem Heizsystem gekoppelt und kann kontrolliert bis zu einer Manteltemperatur von ca. 450 °C ± 20 °C beheizt werden. Bild 5.18 zeigt die technische Realisierung der Veränderungseinheit.

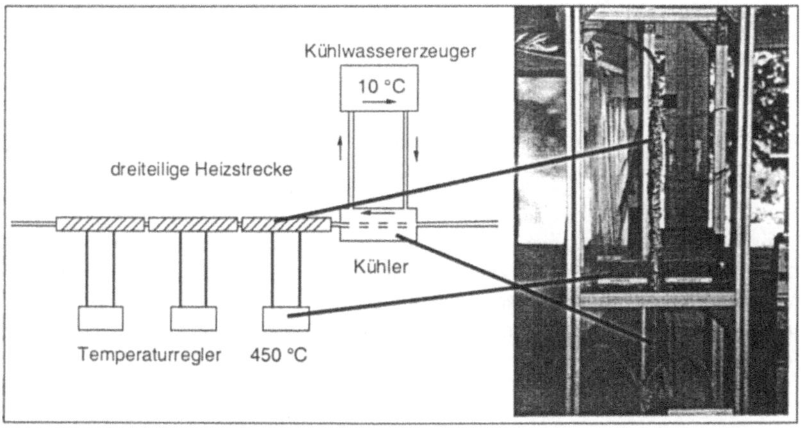

Bild 5.18: Schematische Darstellung und Realisierung der Veränderungseinheit

❑ Funktionsüberprüfung

Die Funktionsprüfung der Veränderungseinheit hat zum Ziel, die Möglichkeit einer direkten Veränderung von luftgetragenen Partikeln, insbesondere von biotischen Partikeln, nachzuweisen. Für die Untersuchungen wird der optische Partikelzähler der Firma PMS, Model μLPC 110 eingesetzt.

Die Überprüfung der direkten Veränderung erfolgt mit dem apathogenen Mikroorganismus Micrococcus luteus. Bild 5.19 zeigt die Veränderung der Häufigkeitsverteilung aufgrund der Heiztemperatur von 450 °C bei einem Volumenstrom von 2,8 l/min. Das Peakmaximum wandert deutlich nach links, d.h. der Mikroorganismus wird optisch kleiner. Die Veränderungseinheit ist also in der Lage, eine direkte Veränderung an dem Mikroorganismus Micrococcus luteus vorzunehmen.

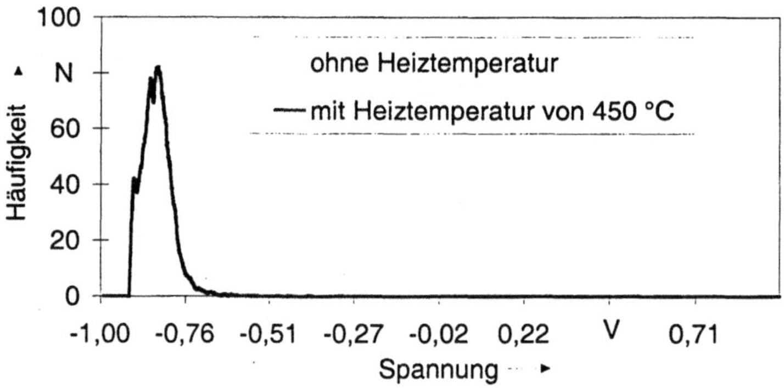

Bild 5.19: Veränderung der Häufigkeitsverteilung von Micrococcus luteus aufgrund der Heiztemperatur von 450 °C

Wie die Untersuchung zeigt, kann mit der hier entwickelten Veränderungseinheit eine direkte Veränderung von optisch detektierbaren Eigenschaften an biotischem Material vorgenommen werden. Die Bestimmung der direkten Veränderung von unterschiedlichen luftgetragenen Partikeln ist Teil der Verifizierung der Meßeinrichtung.

6 Entwicklung eines Prüfverfahrens zur Verifizierung der Meßeinrichtung

6.1 Konzeption und Realisierung der Prüfeinrichtung

Grundlage für eine erfolgreiche Verifizierung der Meßeinrichtung zur direkten Unterscheidung von luftgetragenen biotischen und abiotischen Partikeln ist eine Prüfeinrichtung, die der Meßeinrichtung reproduzierbar luftgetragene Partikel zur Verfügung stellt. Die Prüfeinrichtung muß so konzipiert sein, daß reine biotische bzw. abiotische Partikel und Mischungen von Partikeln zur Vermessung erzeugt werden können. Die Prüfeinrichtung darf hierbei keinen Einfluß auf die Partikel ausüben, sowohl in der Erzeugung als auch in der Probenahme. Zur Vermeidung von Querkontamination muß die Prüfeinrichtung gut reinigbar und, aufgrund der biotischen Partikel, sogar sterilisierbar sein.

6.1.1 Konzeption und Entwicklung der Prüfeinrichtung

In der Aerosoltechnik gibt es zwei Verfahren zur Erzeugung von luftgetragenen Partikeln bzw. von Aerosolen. Dies ist zum einen die Erzeugung aus der trockenen Phase und zum anderen die Erzeugung aus der flüssigen Phase, d.h. aus einer Suspension.

Für die Kalibrierung von optischen Partikelzählern wird das Kalibrieraerosol Latex eingesetzt. Es wird hierzu aus einer hochkonzentrierten Suspension mit Hilfe von partikelfreiem Wasser auf eine bestimmte Konzentration eingestellt und anschließend in die zu vermessende Luft eingebracht und vermessen. Für die Vermessung von luftgetragenen biotischen Partikeln müssen Mikroorganismen aus einer reinen Stammkultur kultiviert werden. Im Anschluß an die Kultivierung werden die Mikroorganismen vom Nährmedium abgeerntet. Sie sind nach der Zellernte mit Nährmedium verunreinigt und müssen deshalb mehrfach mit partikelfreiem Wasser gereinigt werden. Nach dem letzten Spülgang liegen die Mikroorganismen in einer sehr reinen Suspension vor. Die Konzentration der Suspension kann jetzt ebenfalls, wie beim Latex, auf eine bestimmte Konzentration eingestellt werden.

Wie die Beschreibung zeigt, kann das Verfahren zur Erzeugung von luftgetragenen Partikeln aus der flüssigen Phase für biotische und abiotische Partikel eingesetzt werden. Das Prinzip basiert auf der Verdüsung der Suspension innerhalb eines Aerosolgenerators mittels einer Zweistoffdüse. Die erzeugten Aerosole, bestehend aus Wassertröpfchen und Partikeln, werden mit Hilfe eines Trocknungsvolumenstroms getrocknet bzw. entfernt. Die Verdüsungs- und Trocknungsluft sowie die Flüssigkeit für die Suspension müssen bzgl. der Fremdpartikel sehr rein sein, um sicherzustellen, daß die zu vermessenden Ereignisse ausschließlich die gewünschten Partikel sind.

Die prinzipielle Funktionalität der Versuchseinrichtung läßt sich wie folgt beschreiben. Die Testaerosole, biotische wie auch abiotische, werden aus einer hochkonzentrierten Suspension mit Hilfe des Perfusors dem Aerosolgenerator zugeführt, versprüht und mit Trocknungsluft getrocknet. Hierbei werden gleichzeitig die entstandenen Wasseraerosole entfernt. Die getrockneten Aerosole werden über die Verdünnungsstufe der Veränderungseinheit zugeführt. Bei eingeschalteter Veränderungseinheit erwärmt sich das Trägermedium der Testaerosole und die Aerosole selber. Die zugeführte Wärme wird im nachfolgenden Kühler für die eigentliche Messung wieder abgeführt. Anschließend wird die Probe dem optischen Partikelzähler mit Mehrwinkeldetektion zugeführt und vermessen.

Aufgrund der Tatsache, daß bei dieser Versuchseinrichtung nur ein OPZ eingesetzt wird, ist ausschließlich eine Differenzmessung der Häufigkeitsverteilungen von zwei aufeinander folgenden Messungen der zu untersuchenden Aerosole bei aus- und anschließend eingeschalteter Veränderungseinheit möglich. Eine Differenzmessung von Einzelereignissen kann nicht realisiert werden.

6.2.2 Funktionsüberprüfung der Versuchseinrichtung

Die Überprüfung der Funktionalität der aus der Meßeinrichtung und Prüfeinrichtung bestehenden Versuchseinrichtung erfolgt, wie bereits bei der Überprüfung der Komponenten der Meßeinrichtung, sowohl mit dem Kalibrieraerosol Latex als auch mit dem Mikroorganismus Micrococcus luteus. Als Manteltemperatur für die Veränderungseinheit wird 350 °C gewählt.

❑ Kalibrieraerosol Latex

Die Kalibrierung der Meßeinrichtung wird mit Latex unterschiedlicher Größe bei ausgeschalteter und bei eingeschalteter Heizung vorgenommen. Bild 6.5 zeigt die Kalibrierkurven für Raumtemperatur und 350 °C.

Bei einer Partikelgröße von 0,46 bis 1,53 μm ist keine signifikante Verschiebung der Kalibrierkurven zu erkennen. Die Wärme übt auf die Partikel in diesem Größenbereich keinen Einfluß aus. Bei einer Größe von 2,04 μm verschieben sich die Werte leicht.

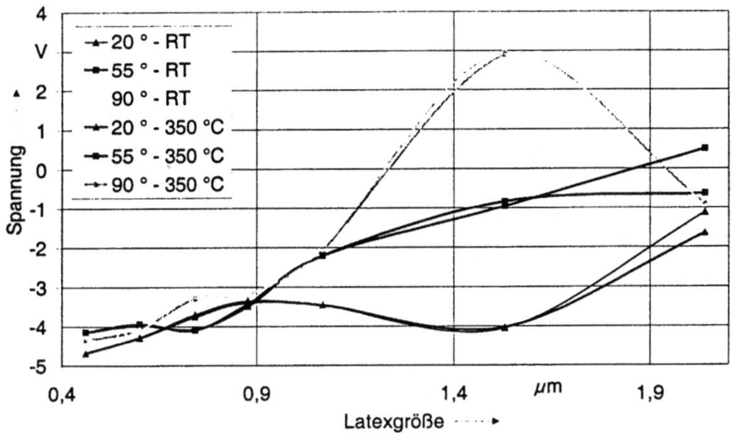

Bild 6.5: Kalibrierkurven der einzelnen Detektoren der Meßeinrichtung bei 20 °C und bei 350 °C

❑ Mikroorganismus Micrococcus luteus

Die Überprüfung der Funktionalität für Mikroorganismen wird mit Micrococcus luteus vorgenommen. Das nachfolgende Bild 6.6 zeigt die Häufigkeitsverteilungen der einzelnen Detektionswinkel bei Raumtemperatur und bei 350 °C.

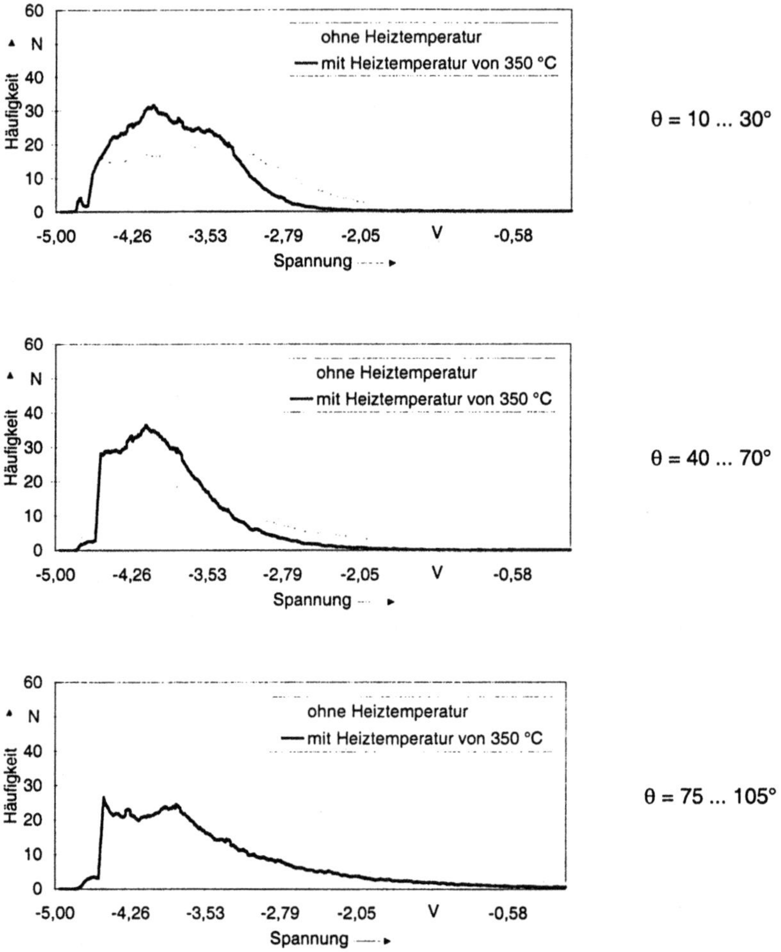

Bild 6.6: Häufigkeitsverteilungen von Micrococcus luteus für die ausgewählten Detektionswinkelbereiche bei unterschiedlichen Heiztemperaturen

Wie aus Bild 6.6 ersichtlich, kann die Funktionalität der Meßeinrichtung in Kombination mit der Prüfeinrichtung für das Testaerosol Micrococcus luteus bestätigt werden.

6.3 Entwicklung der Prüfmethode

Die Prüfmethode beschreibt, wie die Verifizierung der Meßeinrichtung zur direkten Unterscheidung von luftgetragenen biotischen und abiotischen Partikeln mit Hilfe der Prüfeinrichtung durchzuführen ist. Bedingung für eine erfolgreiche Verifizierung ist der Nachweis der Funktionalität der entwickelten Anforderungskriterien an die Meßeinrichtung. Bild 6.7 zeigt, wie die einzelnen Anforderungskriterien zu verifizieren sind.

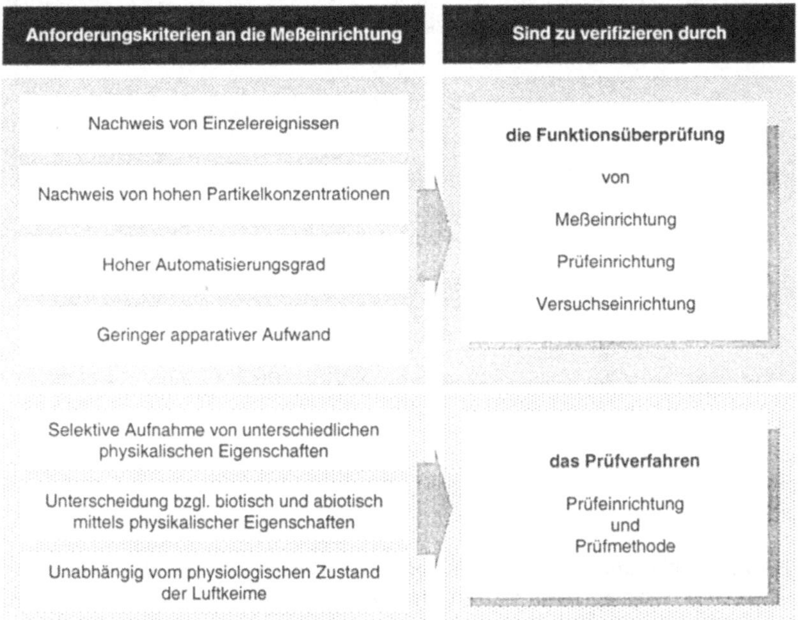

Bild 6.7: Verifizierung der Anforderungskriterien an die Meßeinrichtung

Mit Hilfe der Funktionsüberprüfung von Meßeinrichtung, Prüfeinrichtung und Versuchseinrichtung konnten bereits vier der sieben Anforderungskriterien verifiziert werden. Der Nachweis von Einzelereignissen ist aufgrund des Aufbaus der Meßeinrichtung, d.h. ein optischer Partikelzähler in Kombination mit der Veränderungseinheit, nicht möglich. Der optische Partikelzähler kann jedoch allein prinzipiell einen Nachweis von Einzelereignissen vornehmen. Die restlichen drei Anforderungskriterien müssen mit Hilfe des Prüfverfahren verifiziert werden.

Die Festlegung der Randbedingungen für die durchzuführenden Experimente und die Definition der Experimente bilden hierbei die Schwerpunkte für die zu entwickelnde Prüfmethode. Die in Bild 6.8 aufgezeigten Schwerpunkte stellen die Basis für eine erfolgreiche experimentelle Überprüfung der Funktionalität der drei restlichen Anforderungskriterien dar.

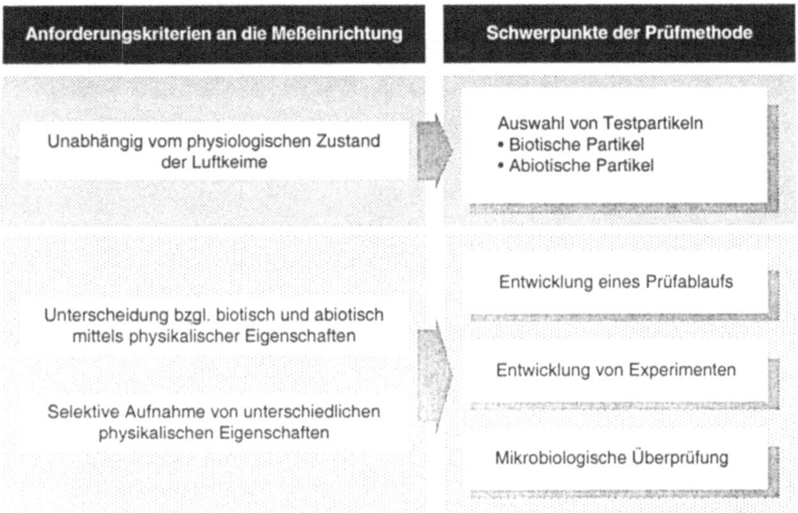

Bild 6.8: Schwerpunkte der Prüfmethode zur experimentellen Überprüfung der Funktionalität der Meßeinrichtung

6.3.1 Auswahl von Testpartikeln

6.3.1.1 Biotische Testpartikel

Wie in der Analyse der charakteristischen Eigenschaften von luftgetragenen Partikeln aufgezeigt, ist in reinen Fertigungsumgebungen der Mensch eine der Hauptquellen für Partikel biotischen Ursprungs. Die Wahl der biotischen Testpartikel muß daher im weitesten Sinne auf Bioaerosole menschlichen Ursprungs fallen. Die ausgewählten Aerosole müssen in Luft vorkommen und ein Spektrum von unterschiedlichen Geometrien aufweisen. Alle ausgewählten Vertreter der biotischen Testpartikel müssen für die Gesundheit des Menschen absolut unbedenklich sein.

Aufgrund der Tatsache, daß die Funktionalität der Meßeinrichtung unabhängig vom physiologischen Zustand der Luftkeime zu gewährleisten ist, müssen, wie in Bild 6.9 aufgezeigt, die definierten Anforderungen für biotische Partikel mit unterschiedlichen physiologischen Zuständen gelten.

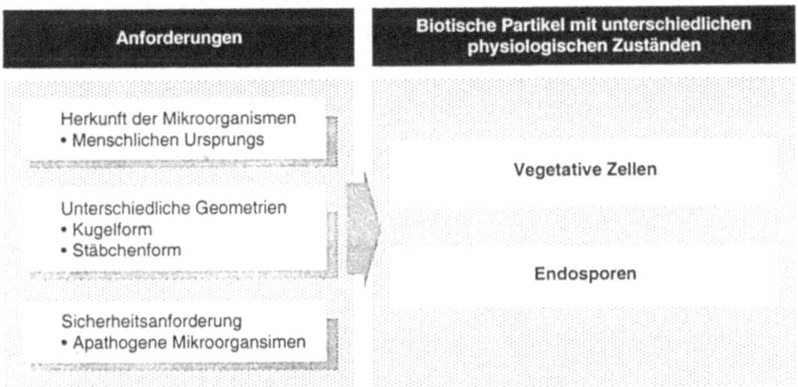

Bild 6.9: Anforderungen an biotische Partikel mit unterschiedlichen physiologischen Zuständen

Bild 6.10 zeigt die ausgewählten apathogenen, biotischen Testpartikel mit einer Beschreibung der Parameter.

Parameter / Mikroorganismen	Form	Größe	Vorkommen	Vorkommen in Luft
Micrococcus luteus	kugelförmig zum Teil Cluster, seltener Tetraden	0,9 ... 1,8 μm	menschliche Haut	ja
Bacillus subtilis / vegetativ	gerade Stäbchen selten in Ketten	Länge: 2 ... 3 μm Breite: 0,7 ... 0,8 μm	Fäulnis bzw. Verwesung von pflanzlichem und tierischem Material	selten in vegetativer Form
Bacillus subtilis / Sporen	ovale Form	Länge: 1 ... 2,5 μm Breite: ca. 1 μm	weitverbreitet, ubiquitär	ja

Bild 6.10: Biotische Testpartikel (Schlegel 1992b)

Die Bilder 6.11 bis 6.13 zeigen mikroskopische Phasenkontrastaufnahmen der ausgewählten Mikroorganismen bei einer 1000-fachen Vergrößerung. Die unterschiedlichen Geometrien und optischen Eigenschaften sind bei diesen Aufnahmen deutlich zu erkennen.

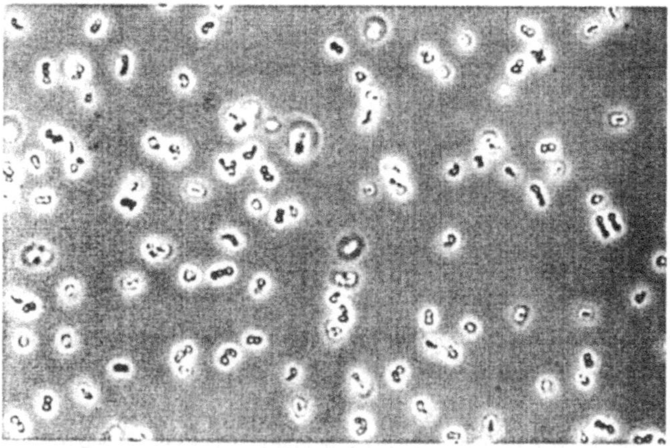

Bild 6.11: Micrococcus luteus, 1000-fache Vergrößerung, Phasenkontrast

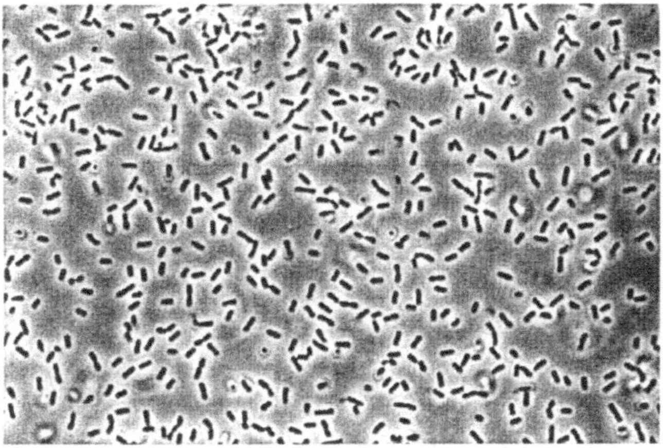

Bild 6.12: Bacillus subtilis, 1000-fache Vergrößerung, Phasenkontrast

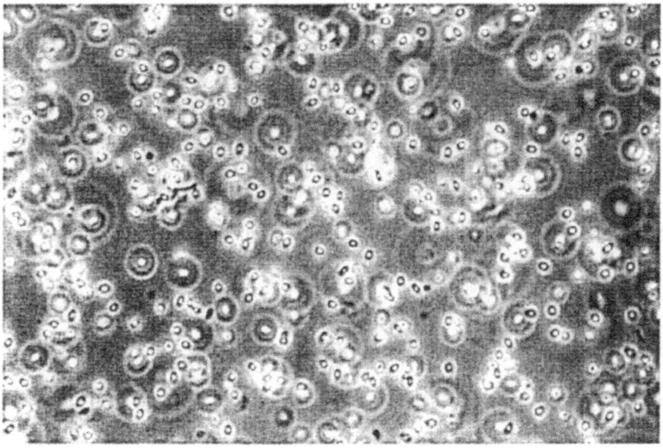

Bild 6.13: Bacillus subtilis Sporen, 1000-fache Vergrößerung, Phasenkontrast

6.3.1.2 Abiotische Testpartikel

Als abiotisches Testaerosol wurde das Kalibrieraerosol Latex ausgewählt, da für dieses Aerosol die Parameter Form, Größe und optische Eigenschaften sehr gut bekannt bzw. ausgewählt werden können. Die Form ist immer absolut kugelförmig und der reale Brechungsindex ist konstant. Bild 6.14 zeigt eine Rasterelektronenmikroskopaufnahme von Latex. Die Kugelform ist deutlich erkennbar.

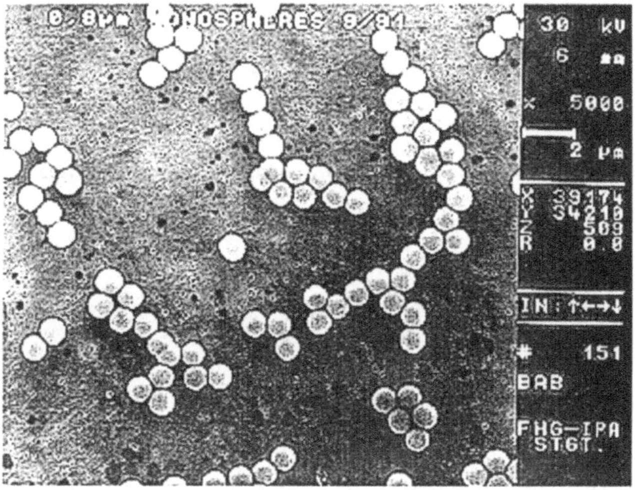

Bild 6.14: Rasterelektronenmikroskopaufnahme (REM-Aufnahme) von Latex

6.3.2 Entwicklung eines Prüfablaufs

Aufgrund der Vergleichbarkeit der Untersuchungsergebnisse untereinander und miteinander sind identische Prüfabläufe notwendig. Die Basis für einen reproduzierbaren Vergleich von Ergebnissen sind konstante Parameter der Versuchseinrichtung, bestehend aus einer Prüfeinrichtung mit integrierter Meßeinrichtung. Der Parameter „Heiztemperatur" wird, wie in Bild 6.15 dargestellt, als einziger variiert.

Systemgruppe	Parameter	Wert
Aerosolgenerator	Konzentration der Suspension	10^7 P/ml
	Suspensionsmenge	20 ml
	Volumenstrom der Suspension	4 ml/h
	Verdüsungsdruck	0,9 bar
	Trocknungsvolumenstrom	40 l_{norm}/h
	Verdünnungsstufe	160 P/s > 0,3 μm
Veränderungseinheit	**Heiztemperatur**	**20 ... 450°C**
	Kühltemperatur	10 °C
Meßmethode	Meßvolumenstrom	2,83 l/min
	Stützluftvolumenstrom	ca. 25,5 l/min
Signalerfassung /-aufbereitung	Triggerschwelle Detektor 1, 2, 3	-4,7 V
	Triggerlogik	wenn 1 und 2 und 3 dann
	Maximale Ereignissanzahl	16.000 Partikel/Messung

Bild 6.15: Parameter der Prüfeinrichtung

Die gewählte Anordnung der Meßeinrichtung läßt ausschließlich die Ermittlung der Differenz der Häufigkeitsverteilungen zu, d.h. für den Prüfablauf müssen folgende Randbedingungen festgelegt werden:

- Jede Häufigkeitsverteilung wird aus 16.000 Einzelereignissen gebildet, d.h. bei einer Partikelkonzentration von ca. 160 P/s beträgt die Meßdauer für eine Messung ca. 100 s.
- Die Bestimmung der Häufigkeitsverteilung wird aus Gründen der Aussagefähigkeit und des Nachweises der Reproduzierbarkeit pro Temperatureinstellung mehrfach wiederholt.
- Das Temperaturprogramm unterteilt sich in unbehandelt (bei Raumtemperatur) und in behandelt (bei Temperaturen von 200 bis 450 °C in 50 °C-Schritten). Die Temperaturobergrenze und -untergrenze wurde empirisch festgelegt und kann gegebenenfalls geändert werden.
- Eine komplette Untersuchung, unbehandelt und behandelt, muß mit einer Charge durchgeführt werden.

Bei einer Suspensionsmenge von 20 ml und einem Volumenstrom der Suspension von 4 ml/h steht pro Charge maximal eine Zeit von 5 Stunden zur Verfügung. Unter Beachtung dieser Tatsache und der definierten Randbedingungen kann mit Einplanung von Pufferzeiten die Anzahl der Wiederholungen pro Prüfphase auf 20 festgelegt werden. Die dabei gewonnenen Ergebnisse werden im Anschluß zusammengeführt und gemittelt, wodurch evtl. Schwankungen ausgeglichen werden. Bild 6.16 zeigt den geplanten Prüfablauf für die zu untersuchenden Partikel pro Charge Suspension.

Prüfphase	Temperatur	Prüfdauer	Wiederholungen
1	Raumtemperatur	16.000 Partikel pro Messung	20 mal
2	200 °C	16.000 Partikel pro Messung	20 mal
3	250 °C	16.000 Partikel pro Messung	20 mal
4	300 °C	16.000 Partikel pro Messung	20 mal
5	350 °C	16.000 Partikel pro Messung	20 mal
6	400 °C	16.000 Partikel pro Messung	20 mal
7	450 °C	16.000 Partikel pro Messung	20 mal

Bild 6.16: Prüfablauf der Untersuchungen pro Charge Suspension

6.3.3 Entwicklung von Experimenten

Die Entwicklung der Experimente orientiert sich an den restlichen drei zu verifizierenden Anforderungskriterien der Meßeinrichtung. Der definierte Prüfablauf und die ausgewählten Testpartikel bilden hierbei die Rahmenbedingungen für die durchzuführenden Experimente. Für jedes zu verifizierende Anforderungskriterium wird ein Experiment definiert. Die Prüfabläufe der einzelnen Versuche müssen dabei identisch ablaufen. So wird sichergestellt, daß die Ergebnisse der einzelnen Versuche untereinander und der Experimente miteinander vergleichbar sind. Die Wahl der Testpartikel und deren Kombination für die einzelnen Experimente sind für eine erfolgreiche Verifizierung verantwortlich.

Im nachfolgenden werden die notwendigen Experimente für eine Verifizierung der restlichen Anforderungskriterien an die Meßeinrichtung definiert.

6.3.3.1 Unabhängig vom physiologischen Zustand der Luftkeime

Das Experiment soll zeigen, daß für vegetative Zellen und für Endosporen, d.h. für Überdauerungsformen von Zellen, eine reproduzierbare Veränderung der optischen Eigenschaften von Zellen aufgrund eines Energieeintrags erzielt werden kann.

Die Überprüfung dieses Anforderungskriteriums erfolgt mit den Mikroorganismen Micrococcus luteus und Bacillus subtilis vegetativ als Vertreter von vegetativen Zellen und mit Bacillus subtilis Sporen als Vertreter von Endosporen.

6.3.3.2 Unterscheidung von biotischen und abiotischen Partikeln mit Hilfe des Nachweises von physikalischen Eigenschaften der Partikel

Für eine erfolgreiche Verifizierung dieses Anforderungskriteriums muß das Experiment zeigen, daß die Meßeinrichtung auf Partikel biotischen Ursprungs einen Einfluß ausübt und gleichzeitig auf Partikel abiotischen Ursprungs keinen Einfluß ausübt.

Das Experiment unterteilt sich hierbei in zwei Teilexperimente:

1. Durchführung von Versuchen mit Latexpartikeln unterschiedlicher Größe als Vertreter von abiotischen Partikeln. Die Ergebnisse werden dann mit den Ergebnissen aus dem 1. Experiment „Unabhängig vom physiologischen Zustand der Luftkeime“ verglichen.
2. Durchführung von Versuchen mit Mischungen. D.h. für diese Untersuchungen werden biotische und abiotische Testpartikel miteinander vermengt, wobei das Mischungsverhältnis auf 1:1 einzustellen ist. Die Auswahl der Testpartikel beschränkt sich ausschließlich auf den Mikroorganismus Micrococcus luteus und auf Latex. Beide Partikeltypen besitzen eine Kugelform, dadurch ist der Formeinfluß bei beiden nahezu gleich. Die unbekannten Partikelparameter können somit auf ein Minimum reduziert werden und die gewonnenen Ergebnisse sind auf Grund dieser Tatsache besser miteinander zu vergleichen.

6.3.3.3 Selektive Aufnahme von unterschiedlichen physikalischen Eigenschaften

Die Auslegung des Detektionssystems basiert auf der Bedingung der selektiven Aufnahme von materialunabhängigen und materialabhängigen Partikelinformationen. Wie in der Analyse gezeigt wurde, kann an biotischem Material der Brechungsindex gezielt verändert werden. Die Brechungsindexänderung beruht dabei auf der gezielten Denaturierung der Proteine aufgrund eines Energieeintrags. Die Mikroorganismen befinden sich hierzu in einer Suspension und werden mit

7.1.1 Unabhängig vom physiologischen Zustand der Luftkeime

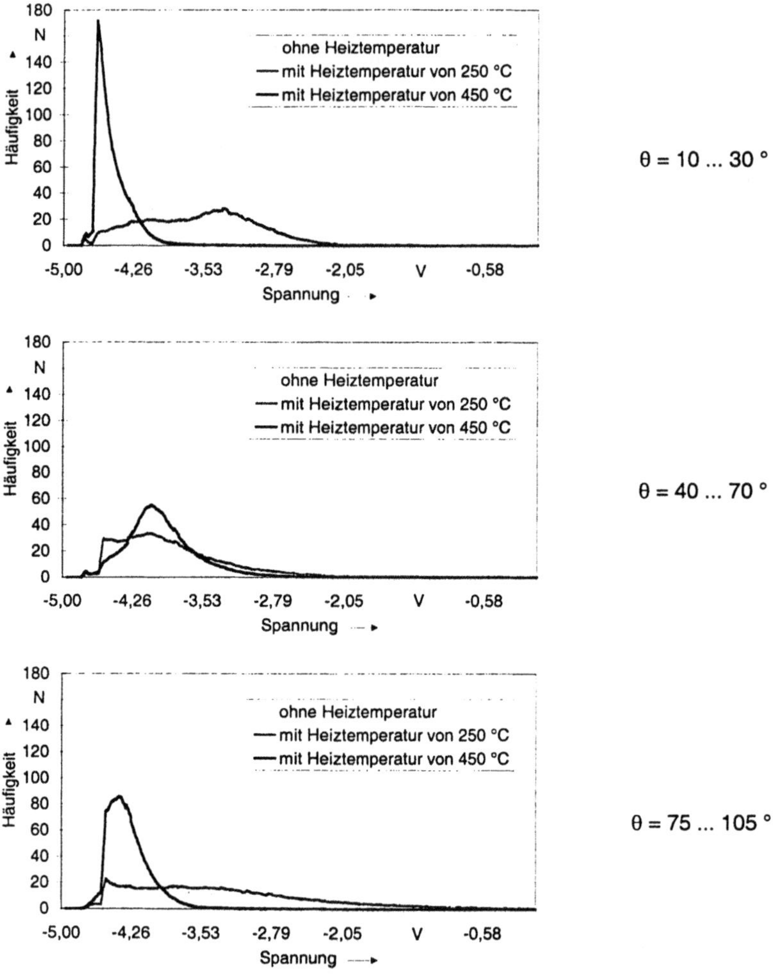

Bild 7.2: Häufigkeitsverteilungen von Micrococcus luteus für die ausgewählten Detektionswinkelbereiche bei unterschiedlichen Heiztemperaturen

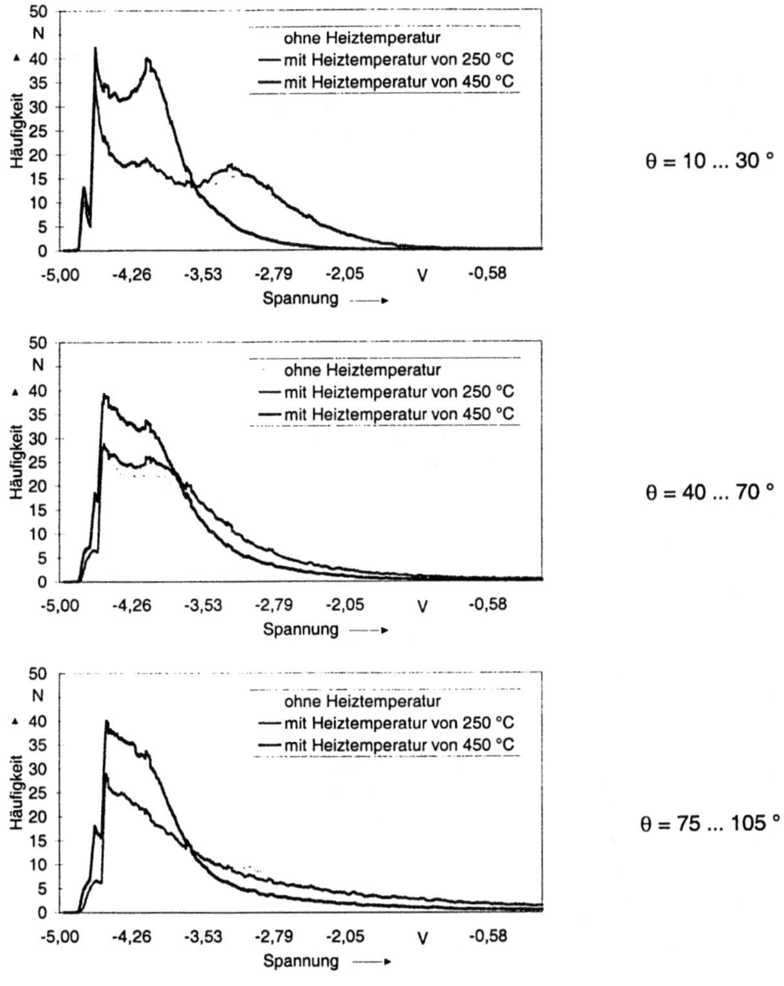

Bild 7.3: Häufigkeitsverteilungen von Bacillus subtilis Sporen für die ausgewählten Detektionswinkelbereiche bei unterschiedlichen Heiztemperaturen

7.1.2 Unterscheidung von biotischen und abiotischen Partikeln mit Hilfe des Nachweises von physikalischen Eigenschaften der Partikel

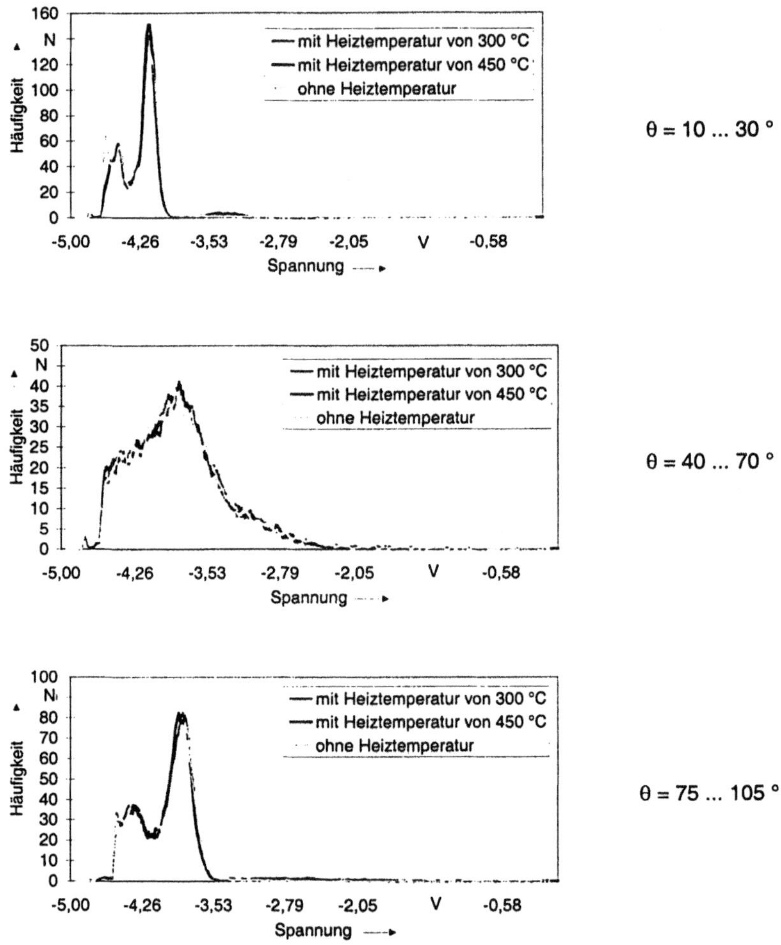

Bild 7.4: Häufigkeitsverteilungen von Latex 0,596 μm für die ausgewählten Detektionswinkelbereiche bei unterschiedlichen Heiztemperaturen

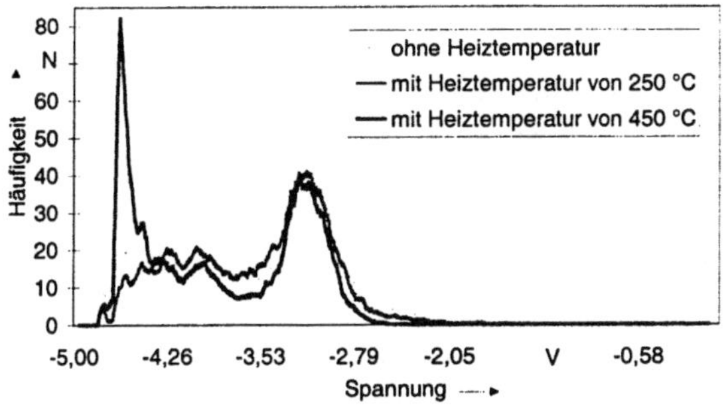

θ = 10 ... 30 °

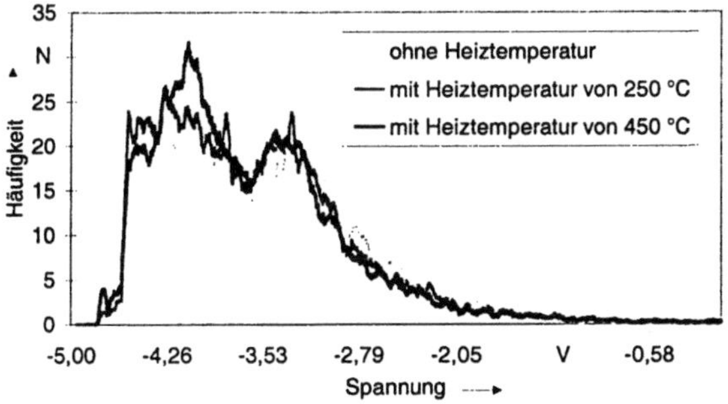

θ = 40 ... 70 °

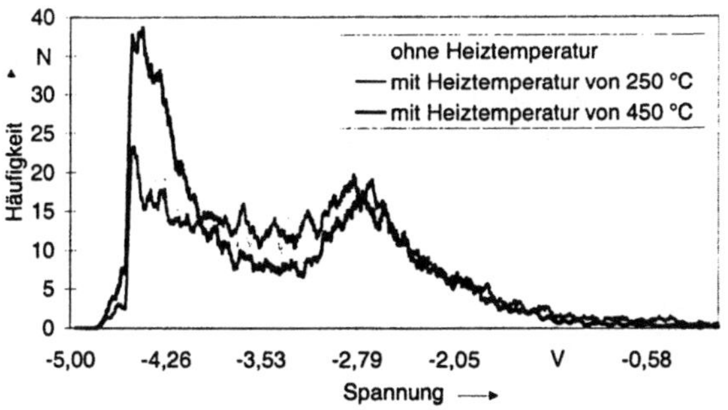

θ = 75 ... 105 °

Bild 7.5: Häufigkeitsverteilungen von Latex 0,878 µm mit Micrococcus luteus - Mischungsverhältnis 1:1 - für die ausgewählten Detektionswinkelbereiche bei unterschiedlichen Heiztemperaturen

7.1.3 Selektive Aufnahme von unterschiedlichen physikalischen Eigenschaften

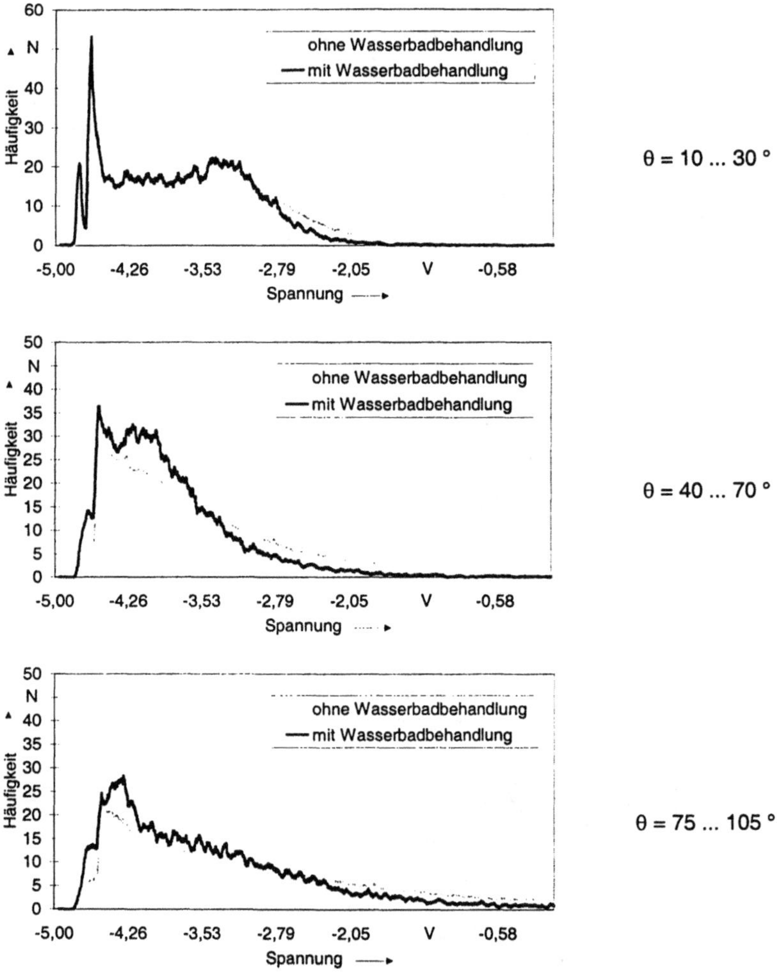

Bild 7.6: Häufigkeitsverteilungen von Micrococcus luteus, vor und nach einer Wasserbadbehandlung (bei 95 °C, 5 min), für die ausgewählten Detektionswinkelbereiche bei unterschiedlichen Heiztemperaturen

7.2 Ergebnisse der mikrobiologischen Überprüfung

Bild 7.7 zeigt den Zusammenhang von kultivierbaren koloniebildenden Einheiten (KBE) nach einer Hitzebehandlung. Diese Inaktivierung wird am Beispiel von Micrococcus luteus bei einer Behandlungsdauer von 2,4 s dargestellt.

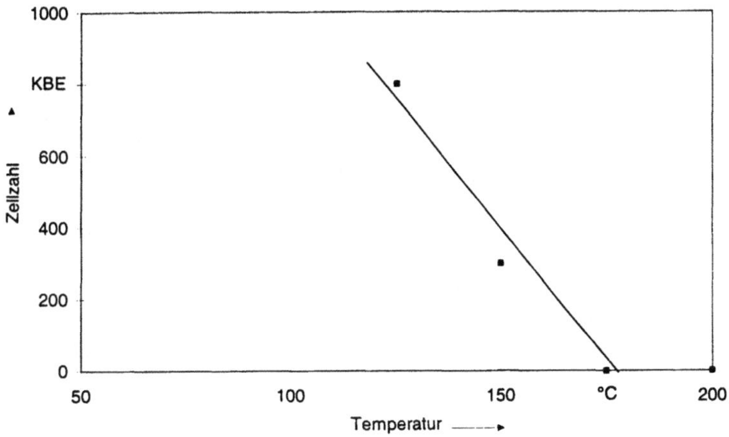

Bild 7.7: Mikrobiologische Überprüfung der Hitzeinaktivierung

7.3 Ergebnisdiskussion der Experimente

Nachfolgend werden die Ergebnisse der durchgeführten Experimente einzeln diskutiert. Am Ende der Diskussion erfolgt eine Zusammenfassung der Ergebnisse und eine Erörterung der Ergebnisse von der mikrobiologischen Überprüfung.

7.3.1 Unabhängig vom physiologischen Zustand der Luftkeime

Bei den Versuchen mit vegetativen Zellen und Endosporen können signifikante Veränderungen für die jeweiligen Detektionswinkelbereiche festgestellt werden. Die Detektionswinkelbereiche 1 und 3 lassen ab einer Beeinflussungstemperatur $\geq$ 350 °C eine Beeinflussung in Form einer Linkswanderung erkennen. Der Micrococcus luteus reagiert hierbei etwas früher als die Bacillus subtilis Sporen. Im Detektionswinkelbereich 2 kann bereits ab einer Temperatur $\geq$ 250 °C eine signifikante Signaländerung registriert werden. Dabei kristallisiert sich aus der Häufigkeitsverteilung ein Peak heraus, der keine Wanderungsneigung nach links

verglichen werden. Das heißt, die hervorgerufene Materialänderung für Temperaturen ≥ 250 °C geht parallel mit einer gleichzeitigen Inaktivierung der Zellen. Diese Inaktivierung kann aufgrund der Zerstörung von Zellinhaltsstoffen wie z.B. Erbmaterial, Protein usw. hervorgerufen werden. Diese Zerstörung übt einen direkten Einfluß auf die Materialzusammensetzung aus, die wiederum im Detektionswinkelbereich 2 detektiert werden kann.

8 Grundlagen zur Weiterentwicklung der Meßeinrichtung für den industriellen Einsatz

Die Verifizierung der Meßeinrichtung hat gezeigt, daß für die ausgewählten Testpartikel mit Hilfe der Häufigkeitsverteilung eine direkte Unterscheidung von luftgetragenen biotischen und abiotischen Partikeln durchgeführt werden kann. Das Anforderungskriterium „Nachweis von Einzelereignissen" konnte mit der realisierten Meßeinrichtung jedoch nicht erfüllt werden. Der Einsatz **eines** OPZ in Verbindung mit der Veränderungseinheit läßt keine Differenzmessung eines luftgetragenen Partikels vor und nach eines Energieeintrags zu. Mit dieser Anordnung kann ausschließlich eine Differenzmessung der Häufigkeitsverteilungen, gebildet aus einer Vielzahl von Einzelereignissen, vorgenommen werden. Die Komponenten der entwickelten Meßeinrichtung erfüllen jedoch das Anforderungskriterium „Nachweis von Einzelereignissen" und stellen somit die Basis zur Weiterentwicklung der Meßeinrichtung für den industriellen Einsatz dar.

Bild 8.1 zeigt eine Bewertung der entwickelten Meßeinrichtung hinsichtlich der zu erfüllenden Anforderungskriterien sowie die durchzuführenden Maßnahmen zur Weiterentwicklung der Meßeinrichtung für den industriellen Einsatz.

Anforderungskriterien	Bewertung	Ableitung von Maßnahmen für eine industrietaugliche Meßmethode
Selektive Aufnahme von mehreren physikalischen Eigenschaften	●	Keine weiteren Maßnahmen erforderlich
Unterscheidung bzgl. biotisch u. abiotisch mittels physikalischer Eigenschaften	●	Weitere Untersuchungen mit biotischen und abiotischen Partikeln
Unabhängig vom physiologischen Zustand der Luftkeime	●	Zusätzliche Untersuchungen an weiteren biotischen Partikeln
Nachweis von Einzelereignissen	◐	Entwicklung einer Meßmethode mit **zwei** optischen Partikelzählern
Nachweis von hohen Partikelkonzentrationen	●	Nachweis der Auflösung von biotischen Partikeln in abiotischen Partikeln
Hoher Automatisierungsgrad	◐	Weiterentwicklung der Software zur Signalerfassung und Signalaufbereitung
Geringer apparativer Aufwand	◐	Miniaturisierung und evtl. Reduzierung der Anzahl der Detektionswinkel

● Kriterium erfüllt ◐ Kriterium teilweise erfüllt ○ Kriterium nicht erfüllt

Bild 8.1: Bewertung der entwickelten Meßeinrichtung und Ableitung von Maßnahmen für eine industrietaugliche Meßeinrichtung

Vor der Entwicklung einer industrietauglichen Meßeinrichtung sollte unter Laborbedingungen die prinzipielle Funktionalität der Einzelverfolgbarkeit von Partikeln nachgewiesen werden. Nachfolgende Beschreibung zeigt die durchzuführenden Maßnahmen auf:

❑ Entwicklung einer Meßeinrichtung zur Differenzmessung von Einzelereignissen unter Laborbedingungen

Auf Basis der in dieser Arbeit entwickelten Komponenten kann eine Meßeinrichtung zur Differenzmessung von Einzelereignissen entwickelt werden. Unter Laborbedingungen, d.h. unter Simulation von semireale Umgebungsbedingungen, erfolgt im Anschluß der Realisierung die Funktionalitätsüberprüfung der Meßeinrichtung zur Differenzmessung von Einzelereignissen. Die Meßeinrichtung muß hierzu nachfolgende Anforderungskriterien erfüllen.

- Einzelverfolgbarkeit der Partikel von der Meßzelle 1 über die Veränderungseinheit bis hin zur Meßzelle 2.
- Reproduzierbare Veränderung an weiteren Vertretern von biotischen Materialien.
- Keine Veränderung an weiteren Vertretern von abiotischen Materialien.
- Nachweis der Auflösung von biotischen Materialien in abiotischen Materialien. Hierzu müssen Untersuchungen mit unterschiedlichen Mischungsverhältnissen wie z.B. 1/10, 1/100, 1/1000 durchgeführt werden.
- Untersuchungen mit Mischungen von biotischen Materialien soll die Frage nach einer reproduzierbaren Unterscheidung biotischer Materialien klären.
- Funktionalitätsüberprüfung der Meßeinrichtung in Feldversuchen vor Ort beim Anwender. Dies ermöglicht einen frühzeitigen Einblick in die Funktionalität der Meßeinrichtung im Feldeinsatz. Die Meßeinrichtung sollte hierzu mit Standardmethoden zur Luftkeimzahlbestimmung vor Ort beim Anwender qualifiziert werden. Es besteht so die Möglichkeit die gewonnenen Erkenntnisse in die Entwicklung des Prototypen einfließen zu lassen.

Bild 8.2 zeigt hierzu den schematischen Aufbau der Meßeinrichtung zur Differenzmessung von Einzelereignissen für die Laboruntersuchungen.

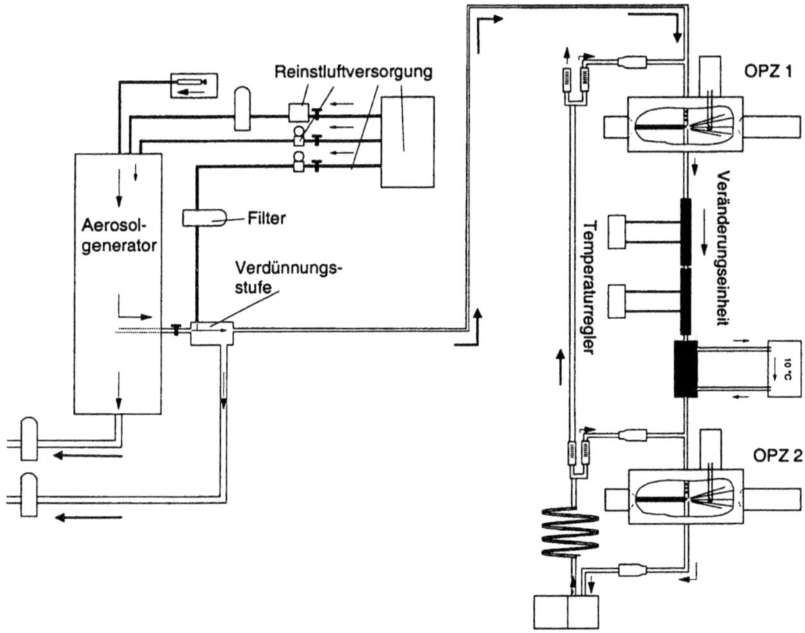

Bild 8.2: Schematischer Aufbau der Meßeinrichtung zur Differenzmessung von Einzelereignissen unter Laborbedingungen

- Entwicklung eines industrietauglichen Prototypen zur Identifizierung von einzelnen luftgetragenen biotischen und abiotischen Partikeln

Für eine industrienahe Entwicklung der Meßeinrichtung empfiehlt es sich frühzeitig die Anwender in die Entwicklung mit einzubinden. So wird sicher gestellt, daß die Erarbeitung von Spezifikationen bzgl. der Gerätetechnik und des Prüfverfahrens einen ständigen Bezug zu den Anforderungen der Anwender besitzt.

Mit Hilfe der gewonnen Erkenntnisse aus den Untersuchungen mit dem Labormuster besteht dann die Möglichkeit einen Meßgeräteprototypen zu entwickeln und zu realisieren. Hierbei stehen die

10 Literatur

Al-Dagal 1990 AL-DAGAL, M.; FUNG, D. Y. C.: Aeromicrobiology - A Review, in: Critical Reviews in food science and nutrition, 1990.

Benbough 1993 Benbough, J. E.; Bennett, A. M.; Parks, S. R.: Determination of the collection efficiency of a microbial air sampler, in: Journal of Applied Bacteriology, 1993.

Berendt 1993 BERENDT, R.: Abnahme und Validierung lufttechnischer Systeme für pharmazeutische Sterilproduktionen - Die Praxis aus der Sicht des Anlagenbauers, in: CONCEPT, 1993.

Berg 1993 BERG, T. M.: Luftreinheitsanforderungen in der GMP-Richtlinie für Sterilprodukte der Europäischen Gemeinschaft, in: CONCEPT, 1993.

Beyer 1993 BEYER, H.: Sterilisationsmöglichkeiten von Destillationssystemen, Destillatlagerbehälter und Ringleitungen am Beispiel des Projektes der Jenapharm GmbH, in: CONCEPT, 1993.

Biral 1997 BIRAL: Aerosol Shape Analyser Model B1000, in: BIRAL Prospekt, 1997.

Bohrer 1989 BOHRER, B.: Reinraum-Bedingungen in der Gesamtanlage (Aseptisches Abfüllen in der Lebensmittelindustrie), in: Reinraumtechnik 1/89, 1989.

Bradley 1992 Bradley, D.; Burdett, G. J.; Griffiths, W. D.; Lyons, C. P.: Design and performance of size selective microbiological samplers, in: Pergamon Press Ltd., 1992.

Brockhaus Enzyklopädie 1986 BROCKHAUS ENZYKLOPÄDIE, in vierundzwanzig Bänden, Neunzehnte, völlig neu Bearbeitete Auflage, Erster Band A-APT in: F.A. Brockhaus GmbH, S. 49, 1986

Brockhaus Enzyklopädie 1987a BROCKHAUS ENZYKLOPÄDIE, in vierundzwanzig Bänden, Neunzehnte, völlig neu Bearbeitete Auflage, Dritter Band BED-BRN in: F.A. Brockhaus GmbH, S. 352, 1987

Brockhaus Enzyklopädie 1987b BROCKHAUS ENZYKLOPÄDIE, in vierundzwanzig Bänden, Neunzehnte, völlig neu Bearbeitete Auflage, Dritter Band BED-BRN in: F.A. Brockhaus GmbH, S. 352, 1987

Broßmann 1967 BROßMANN, R.: Die Lichtstreuung an kleinen Teilchen als Grundlage einer Teilchengrößenbestimmung, in: Technische Hochschule Karlsruhe Fakultät für Maschinenbau und Verfahrenstechnik, 1967.

Burris 1993 BURRIS, N.; ELFE, A.: Validating biocleanrooms for terminally sterilized medical devices, in: Microcontamination March'93, 1993.

Burtscher 1991 BURTSCHER, H.: Eigenschaften und Messung von Partikeln im submikronen Bereich, in: Swiss Contamination Control 4/91 Nr. 1, 1991.

Buttner 1991 BUTTNER, M. P.; STETZENBACH, L. D.: Evaluation of Four Aerobiological Sampling Methods for the Retrieval of Aerosolized Pseudomonas syringae, in: Microbiology Vol. 57 Nr. 4, 1991.

Buzek 1992a BUZEK, HP.: Hygiene in Reinräumen (mit Schwerpunkt auf Pharma- und Lebensmittelindustrie, Medizin- und Biotechnik usw.), in: Swiss Contamination Control 5/92 Nr. 3, 1992.

Buzek 1992b BUZEK, HP.: Hygiene in Reinräumen (mit Schwerpunkt auf Pharma- und Lebensmittelindustrie, Medizin- und Biotechnik usw.), in: Swiss Contamination Control 5/92 Nr. 3, 1992.

Buzek 1992c BUZEK, HP.: Hygiene in Reinräumen (mit Schwerpunkt auf Pharma- und Lebensmittelindustrie, Medizin- und Biotechnik usw.), in: Swiss Contamination Control 5/92 Nr. 3, 1992.

De Cosemo 1992 DECOSEMO, G. A. L.; GRIFFITHS, W. D.: Problems associated with the assessment of airborne microorganisms, in: Pergamon Press Ltd., 1992.

Eduard 1990 EDUARD, W.; LACEY, J.; KARLSSON, K.; PALMGREN, U.; STRÖM, G.; BLOMQUIST, G.: Evaluation of Methods for Enumerating Microorganisms in Filter Samples from Highly Contaminated Occupational Environments, in: American Industrial Hygiene Association, 1990.

EG-Leitfaden 1990 EG-LEITFADEN, EG-Leitfaden einer Guten Herstellungspraxis für Arzneimittel, in: Pharm.Ind. 52, Nr.7, S.853-833, 1990

Ernst 1997 ERNST, C.; Grundlagen der Streulichtpartikelmessung, in: IPA-Workshop Fertigungstechnik im Reinraum, Stuttgart, 1997

Fisar 1990 FISAR, Z.; HÝSEK, J.; BINEK, B.: Quantification of airborne microorganisms and investigation of their interactions with non-living particles, in: (Inter-national Journal of) IJB Biometeorlogy, 1990.

Fißan 1989 FIßAN, H.; Aerosolmeßtechnik in der Reinst- und Sondergasversorgung, in: Universität GH Duisburg, 1989.

Fujii 1996a FUJII, S.; YUASA, K.; HOSHINO, A.; MINO, Y.; OHIGASHI, N.: Characterization of an airborne particle by detecting scattered intensity at

Kölblin 1995 KÖLBLIN, R.; Die reine Produktion als Qualitätssicherungsinstrument , in: IPA-Tagung F16, Stuttgart, 1995

Kölblin 1996 KÖLBLIN, R.; Vorbereitung zur GMP/FDA-Validierung einer reinen Produktion, in: IPA-Workshop Fertigungstechnik im Reinraum, Stuttgart 1997

Kölblin 1997 KÖLBLIN, R.; Meßverfahren zur Überwachung der Umgebungsluft hinsichtlich biotischer und abiotischer partikulärer Kontaminationen, in: VDI Berichte 1342, 1997

Kratel 1985 KRATEL, R., Grundlagen und Methoden der optischen Partikelzählung, in: CONCEPT, 1985.

Krüger 1983 KRÜGER, D. , Die Kontrolle der Biokontamination zur Überwachung von Reinraumanlagen aus pharmazeutischer Sicht, in: CONCEPT , 1983.

Krüger 1993a KRÜGER, D. , Personal am Reinen Arbeitsplatz, in: CONCEPT, 1993.

Krüger 1993b KRÜGER, D. , Personal am Reinen Arbeitsplatz, in: CONCEPT, 1993.

Liu 1996 LIU, P., RAO, N. P., KITTELSON, D. B., MCMURRY, P. H. , Optimizing the detection efficiency of a low pressure, in-situ particle monitor using aerodynamic focusing lenses, in: Institute of Environmental Sciences, 1996.

Macher 1992 MACHER, J. M., WILLEKE, K., Performance criteria for bioaerosol samplers, in: Pergamon Press Ltd., 1992.

Madelin 1992 MADELIN, T.M., Design, construction, testing and use of an artificial lung for sampling biological aerosols, in: Pergamon Press Ltd., 1992.

Mahl 1992 MAHL, W., Keimarmer Prozeßablauf verbessert das Produktionsergebnis, in: Pergamon Press Ltd., 1992.

Mazurek 1995 MAZUREK, LUBICKI, STARONIEWICZ, Effect of Short HV Pulses on Bacteria and Fungi, in: IEEE Transactions on Dielectrics and Electrical Insulation, 1995, Seite 418 - 425

Meier 1993 MEIER, W., Normenarbeit des CEN auf dem Gebiete der Reinraumtechnik Teil II: Biologische Aspekte, in: CONCEPT, 1993.

Miller 1995 MILLER, B., Optical particle counters, in: Clean room technology Jan `95, 1995.

Morey 1986 MOREY, PH., Bioaerosols Airborne viable microorganisms in office environments: sampling protocol and analytical procedures, in: Applied industrial hygiene 4/86, 1986.

Nishiyama 1972 NISHIYAMA, KK, Detecting microbes in fluid - by treating with heat, chemicals or electromagnetically, measuring light scattering and comparing result with microbe liq., in: JP-A-04/304,898, 1972

Rabe 1996 RABE, R., Praxisanforderungen an Bioaerosol-Meßverfahren, in: Betriebshygiene in der Pharma- und Kosmetikindustrie, CONCEPT, 1996

Rotter 1973 ROTTER, M., Koller, W. , Sammlung von Luftkeimen mit Gelatine-Filtern, in: Hygiene-Institut der Universität Wien, 1973.

Rotter 1976 ROTTER, M., Bestimmung der Luftkeimzahl im pharmazeutischen und klinischen Bereich, in: Pharm. Nr. 2a `76, 1976.

Rudolph 1956 RUDOLPH, A. , Die Anwendung der Laserstreulichtmessung zur Partikelgrößenanalyse, in: Fakultät für Maschinenwesen des wissenschaftlichen Rates der Technischen Universität Dresden, 1956.

Sakbani 1983 SAKBANI, KH. , Entwicklung eines Streulicht-Meßverfahrens zur Partikelgrößenspektrometers, in: Fakultät für Maschinenbau der Universität Karlsruhe (TH), 1983.

Scheuermann 1972a SCHEUERMANN, E. A., Luftkeimbestimmung in Lebensmittelbetrieben: Die Gelatine-Membranfilter-Methode, in: Ernährungswirtschaft/ Lebensmitteltechnik 11/72, 1972.

Scheuermann 1972b SCHEUERMANN, E. A. , Die Gelatine-Membranfilter-Methode zur Luftkeimbestimmung, in: Sartorius-Membranfilter GmbH Heft 10/72, 1972.

Schicht 1993 SCHICHT, H. H. , Normenarbeit des CEN auf dem Gebiete der Reinraumtechnik Teil I: Allgemeiner Überblick, in: CONCEPT, 1993.

Schlegel 1992a SCHLEGEL, H.G., Die Zelle und ihre Struktur , in: Allgemeine Mikrobiologie Georg Thieme Verlag Stuttgart, New York, 1992.

Schlegel 1992b SCHLEGEL, H.G., Die Zelle und ihre Struktur , in: Allgemeine Mikrobiologie Georg Thieme Verlag Stuttgart, New York, 1992.

Schmidt-Burbach 1983 SCHMIDT-BURBACH, G., FÄRBER, W. U. , Vergleichende Untersuchungen verschiedener Luftkeim-Sammelgeräte, in: Krankenhaus-Hygiene + Infektionsverhütung 6/83, 1983.

Schröder 1968 SCHRÖDER, W. , Luftkeimbestimmung durch Filtrationsverfahren, in: G-I-T Fachzeitschrift f. d. Laboratorium Heft 8/68, 1968.

Seipp 1992 SEIPP, H.-M., BARTH, U., Zur Korrelation der Keim- und Partikelelimination in aseptischen OP-Räumen mit unterschiedlichen Zuluftsystemen, in: HLH Band 43/92 Nr. 9, 1992.

Seyfarth 1989 SEYFARTH, H., Sterile Arzneimittel bedingen mehr als nur laminare Strömung, in: Reinraumtechnik 5/89, 1989.

Seyfarth 1991 SEYFARTH, H., Anforderungen an die Kontrolle und Sicherung der mikrobiologischen Qualität von Arzneimitteln, in: Concept 6. und 7. Juni `91, 1991.

Seyfarth 1992 SEYFARTH, H. , Die Validierung mikrobiologischer Untersuchungsmethoden Teil 2, in: Pharm. Ind. 2/92, 1992.

US Federal Standard 209E 1992 US FEDERAL STANDARD 209E, Airborne particulate cleanliness classes in cleanrooms and clean zones in: Institute of Environmental Sciences, 1992

VDI 2083 1993a VDI 2083, Reinraumtechnik: Meßtechnik in der Reinraumluft, Blatt 3, Entwurf in: VDI-Gesellschaft Technische Gebäudeausrüstung, Februar 1993

VDI 2083 1993b VDI 2083, Reinraumtechnik: Meßtechnik in der Reinraumluft, Blatt 3, Entwurf in: VDI-Gesellschaft Technische Gebäudeausrüstung, Februar 1993

VDI 2083 1993c VDI 2083, Reinraumtechnik: Meßtechnik in der Reinraumluft, Blatt 3, Entwurf in: VDI-Gesellschaft Technische Gebäudeausrüstung, Februar 1993

VDI 2083 1995 VDI 2083, Reinraumtechnik: Grundlagen, Definitionen und Festlegungen der Reinheitsklassen, Blatt 1 in: VDI-Gesellschaft Technische Gebäudeausrüstung, April 1995

Vogel 1995 VOGEL, H., Gerthsen Physik, 18., völlig neubearbeitete Auflage in: Springer-Verlag Berlin Heidelberg, 1995.

Wacker 1993 WACKER, ST., Partikelmessungen für Reinraumarbeitsplätze und Flüssigkeiten, in: CONCEPT, 1993.

Wallhäußer 1988a WALLHÄUßER, K. H., Praxis der Sterilisation - Desinfektion - Konservierung Keimidentifizierung - Betriebshygiene, in: Georg Thieme Verlag Stuttgart * New York, 4 . Aufl., 1988.

Wallhäußer 1988b WALLHÄUßER, K. H., Praxis der Sterilisation - Desinfektion - Konservierung Keimidentifizierung - Betriebshygiene, in: Georg Thieme Verlag Stuttgart * New York, 4 . Aufl., 1988.

Weber 1993a WEBER, R., Reinraumtechnik als Element der Prozeß- und Produktsicherheit in der biotechnologischen Produktion: Bewilligungspraxis aus behördlicher Sicht, in: CONCEPT, 1993.

Willeke 1992 Willeke, K., Grinshpun, S. A., Chang, Ch.-Wen, Juozaitis, A., Liebhaber, F., Nevalainen, A., Thompson, M. , Inlet sampling efficiency of bioaerosol samplers, in: Pergamon Press Ltd., 1992.

Wolfrum 1989 WOLFRUM, GREULICH, UV-Laserpulse in Biotechnolgie, Biomedizin, in: Bio Engineering 06/89 5. Jg., 1989.

Wood 1994 WOOD, M.D., PAOLINI, W. F. , examining HVAC requirements for serving the U.s. and european sterile-product markets, in: Biomedical solutions, 1994.

Wrieth 1993 WRIETH, TH. , SCATAP for Windows v1.0 PDA light Scattering by absorbing particles, in: Universität Bremen IWT, Verfahrenstechnik, 1993.

Ziemer 1996 ZIEMER, W.: Grundlagen und Geschichte der Aerosolphysik, in: ATS-Seminar, 1996.

Ziep 1996 ZIEP, T., PÜTZ, M., PATZELT, P., Entwicklung neuartiger Detektorsysteme für analytische Anlagen im Bereich von Umwelt. und Medizinanalytik sowie der industriellen Prozeßkontrolle unter Einsatz von Laserdioden, in: OPTO `96 Kongreßband, 1996.

Ziller 1993 ZILLER, A. G., Entwicklung und Zielrichtung des Einsatzes von Reinraumtechnik in der Pharmaindustrie, in: Swiss Contamination Control 6/93 Nr. 3, 1993.

Stufenweise Ableitung eines praktischen Planungssystems für den Entwicklungsbereich
Von R. Hichert. ISBN 3-7830-0149-8.
1978, 151 Seiten, kartoniert. 52,– DM

Produktionsplanung mit Auftragsfamilien
Von U. W. Geitner. ISBN 3-7830-0161.7.
1979, 110 Seiten, kartoniert. 45,– DM

Thermisch-chemisches Entgraten
Von T. Wagner. ISBN 3-7830-0164-1.
1979, 111 Seiten, kartoniert. 45,– DM

Untersuchung der Materialflußkosten bei ausgewählten Systemen der Zentralen Arbeitsverteilung
Von R. Wenzel. ISBN 3-7830-0162-5.
1979, 168 Seiten, kartoniert. 86,– DM

Anpassung und Einführung eines Planungssystems für die Ablaufplanung im Konstruktionsbereich
Von W. Dangelmaier. ISBN 3-7830-0163-3.
1979, 168 Seiten, kartoniert. 80,– DM

Längenmessungen an bewegten Teilen mit berührungslos wirkenden Aufnehmern
Von H. Lang. ISBN 3-7830-0157-9
1979, 89 Seiten, kartoniert. 42,– DM

Untersuchung multistabiler Strömungselemente und ihr Einsatz in sequentiellen Steuerungen
Von A. Ernst. ISBN 3-7830-0157-9.
1979, 122 Seiten, kartoniert. 48,– DM

Taktile Sensoren für programmierbare Handhabungsgeräte
Von M. Schweizer. ISBN 3-7830-0158-7.
1979, 91 Seiten, kartoniert. 42,– DM

Die rechnerunterstützte Prüfplanung
Von P. Blasing. ISBN 3-7830-0152-8.
1979, 100 Seiten, kartoniert. 44,– DM

Verfahren zur Fabrikplanung im Mensch-Rechner-Dialog am Bildschirm
Von W. Ernst. ISBN 3-7830-0156-0.
1979, 218 Seiten, kartoniert. 72,– DM

Rechnerunterstütztes Verfahren zur Leistungsabstimmung von Mehrmodell-Montagesystemen
Von M. Gorke. ISBN 3-7830-0155-2.
1979, 139 Seiten, kartoniert. 50,– DM

Standortbezogene Betriebsmittel
Von G. Pflieger. ISBN 3-7830-0167-6.
1979, 127 Seiten, kartoniert. 52,– DM

Die betriebswirtschaftliche Beurteilung neuer Arbeitsformen
Von B.-H. Zippe. ISBN 3-7830-0168-4.
1979, 350 Seiten, kartoniert. 98,– DM

Untersuchung des Arbeitsverhaltens programmierbarer Handhabungsgeräte
Von B. Brodbeck. ISBN 3-7830-0169-2.
1979, 117 Seiten, kartoniert. 48,– DM

Untersuchung eines kohärent-optischen Verfahrens zur Rauheitsmessung
Von N. Rau. ISBN 3-7830-0174-9
1979, 117 Seiten, kartoniert. 48,– DM

Entwicklung einer programmierbaren, pneumatischen Steuerung
Von D. Klemenz. ISBN 3-7830-0171-4
1979, 93 Seiten, kartoniert. 42,– DM

IPA Forschung und Praxis

Berichte aus dem Fraunhofer-Institut für Produktionstechnik und Automatisierung, Stuttgart, und dem Institut für Industrielle Fertigung und Fabrikbetrieb der Universität Stuttgart

Herausgeber: Prof. Dr.-Ing. Dr. h. c. mult. H.-J. Warnecke

---

38 **Arbeitsgangterminierung mit variabel strukturierten Arbeitsplänen — Ein Beitrag zur Fertigungssteuerung flexibler Fertigungssysteme**
Von U. Maier. ISBN 3-540-10213-2.
1980, 111 Seiten mit 45 Abbildungen. 43.– DM

39 **Kapazitätsabgleich bei flexiblen Fertigungssystemen**
Von P. S. Nieß. ISBN 3-540-10372-4.
1980, 151 Seiten mit 57 Abbildungen. 48.– DM

40 **Schichtdickenverteilung auf galvanisierten Paßteilen am Beispiel kleiner abgesetzter Wellen und Bohrungen**
Von D. Wolfhard. ISBN 3-540-10373-2.
1980, 177 Seiten mit 83 Abbildungen. 48.– DM

41 **Planung von Mehrstellenarbeit unter Berücksichtigung von Umfeldaufgaben**
Von S. Häußermann. ISBN 3-540-10374-0.
1980, 136 Seiten mit 59 Abbildungen. 48.– DM

42 **Untersuchungen zur Schmierfilmdicke in Druckluftzylindern — Beurteilung der Abstreifwirkung und des Reibungsverhaltens von Pneumatikdichtungen mit Hilfe eines neu entwickelten Schmierfilmdicken-meßverfahrens**
Von R. Köhnlechner. ISBN 3-540-10375-9.
1980, 100 Seiten mit 38 Abbildungen und 4 Tabellen. 43.– DM

43 **Typologie zum überbetrieblichen Vergleich von Fertigungssteuerungsverfahren im Maschinenbau**
Von G. Rabus. ISBN 3-540-10376-7.
1980, 174 Seiten mit 88 Abbildungen und 21 Tafeln. 48.– DM

44 **System zur Planung des Umlaufbestandes in Betrieben mit Serienfertigung**
Von K.-G. Wilhelm. ISBN 3-540-10377-5.
1980, 142 Seiten mit 67 Abbildungen und 15 Tafeln. 48.– DM

45 **Rechnerunterstützte Arbeitsplanerstellung mit Kleinrechnern, dargestellt am Beispiel der Blechbearbeitung**
Von W. Hoheisel. ISBN 3-540-10505-0.
1981, 169 Seiten mit 74 Abbildungen. 48.– DM

46 **Beitrag zur Verbesserung der Wirtschaftlichkeit EDV-unterstützter Fertigungssteuerungssysteme durch Schwachstellenanalyse**
Von J. Lienert. ISBN 3-540-10506-9.
1981, 148 Seiten mit 37 Abbildungen. 48.– DM

47 **Die Abscheidung von Öl an Entlüftungsöffnungen drucklufttechnischer Anlagen**
Von W.-D. Kiessling. ISBN 3-540-10604-9.
1981, 117 Seiten mit 48 Abbildungen und 3 Tabellen. 43.– DM

48 **Dynamische Optimierung technisch-ökonomischer Systeme**
Von J. Warschat. ISBN 3-540-10717-7.
1981, 132 Seiten mit 60 Abbildungen. 43.– DM

49 **Bildsensor zur Mustererkennung und Positionsmessung bei programmierbaren Handhabungsgeräten**
Von H. Geißelmann. ISBN 3-540-10735-5.
1981, 125 Seiten mit 52 Abbildungen. 43.– DM

50 **Verfügbarkeitsberechnung für komplexe Fertigungseinrichtungen**
Von Ekkehard Gericke. ISBN 3-540-10779-7.
1981, 132 Seiten mit 71 Abbildungen. 43.– DM

51 **Materialflußgestaltung in Fertigungssystemen**
Von Willi Rößner. ISBN 3-540-10888-2.
1981, 149 Seiten mit 76 Abbildungen. 48.– DM

52 **Beitrag zur Analyse der Auswirkungen der Mikroelektronik, dargestellt am Beispiel der Büromaschinen-Industrie**
Von Werner Neubauer. ISBN 3-540-10991-9.
1981, 145 Seiten mit 27 Abbildungen und 47 Tabellen. 43.– DM

53 **Modelle von Informationssystemen zur kurzfristigen Fertigungssteuerung und ihre Gestaltung nach betriebsspezifischen Gesichtspunkten**
Von Roland Gentner. ISBN 3-540-10992-7.
1981, 181 Seiten mit 69 Abbildungen und 7 Tabellen. 48.– DM

54 **Entwicklung von Verfahren zur Terminplanung und -steuerung bei flexiblen Montagesystemen**
Von Jürgen H. Kölle. ISBN 3-540-11227-8.
1981, 132 Seiten mit 64 Abbildungen und 1 Faltplan. 43.– DM

55 **Arbeits- und Kapazitätsteilung in der Montage**
Von Stefan Dittmayer. ISBN 3-540-11228-6.
1981, 124 Seiten und 56 Abbildungen. 43.– DM

56 **Beitrag zur systematischen Planung der Qualitätsprüfung bei Klein- und Mittelserienfertigung**
Von Herbert Babic. ISBN 3-540-11325-8
1982, 108 Seiten mit 38 Abbildungen und 7 Tabellen. 53.– DM

57 **Methode zur rechnerunterstützten Einsatzplanung von programmierbaren Handhabungsgeräten**
Von Uwe Schmidt-Streier. ISBN 3-540-11355-X.
1982, 188 Seiten mit 72 Abbildungen. 53.– DM

58 **Werkstoff- und Energiekennwerte industrieller Lackieranlagen, am Beispiel der Automobilindustrie**
Von Rainer Manfred Thiel. ISBN 3-540-11356-8.
1982, 116 Seiten mit 59 Abbildungen. 53.– DM

59 **Maßnahmen zum Verbessern der pneumatischen Lackzerstäubung – Teilchengrößenbestimmung im Spritzstrahl –**
Von Klaus Werner Thomer. ISBN 3-540-11507-2.
1982, 162 Seiten mit 94 Abbildungen und 1 Tabelle. 53.– DM

60 **Ermittlung und Bewertung von Rationalisierungsmaßnahmen im Produktionsbereich**
Von Jürgen Schilde. ISBN 3-540-11730-X.
1982, 158 Seiten mit 57 Abbildungen. 53.– DM

61 **Untersuchung von Verfahren der Reihenfolgeplanung und ihre Anwendung bei Fertigungszellen**
Von Mohamed Osman. ISBN 3-540-11747-4.
1982, 124 Seiten mit 32 Abbildungen und 3 Tabellen. 53.– DM

62 **Ein Simulationsmodell zur Planung gruppentechnologischer Fertigungszellen**
Von Volker Saak. ISBN 3-540-11747-4.
1982, 134 Seiten mit 53 Abbildungen. 53.– DM

63 **Verfahren zur technischen Investitionsplanung automatisierter Fertigungsanlagen**
Von Günter Vettin. ISBN 3-540-11747-4.
1982, 134 Seiten mit 63 Abbildungen. 53.– DM

64 **Pneumatische Sensoren zur prozeßsimultanen Messung des Werkzeugverschleißes und zur Kollisionsvermeidung beim Messerkopffräsen**
Von Wolfgang Jentner. ISBN 3-540-11747-4.
1982, 126 Seiten mit 47 Abbildungen und 6 Tabellen. 53.– DM

65 **Rechnerunterstützte Gestaltung ortsgebundener Montagearbeitsplätze, dargestellt am Beispiel kleinvolumiger Produkte**
Von Eberhard Haller. ISBN 3-540-12015-7.
1982, 130 Seiten mit 43 Abbildungen. 53.– DM

66 **Fernsehüberwachung von Schutzgasschweißvorgängen mit abschmelzender Elektrode MIG – MAG**
Von Ruprecht Niepold. ISBN 3-540-12181-7.
1983, 178 Seiten mit 73 Abbildungen und 5 Tabellen. 58.– DM

67 **Entwicklung flexibler Ordnungssysteme für die Automatisierung der Werkstückhandhabung in der Klein- und Mittelserienfertigung**
Von Karl Weiss. ISBN 3-540-12455-1.
1983, 116 Seiten mit 68 Abbildungen. 58.– DM

68 **Automatisierte Überwachungsverfahren für Fertigungseinrichtungen mit speicherprogrammierten Steuerungen**
Von Werner Eißler. ISBN 3-540-12456-X.
1983, 128 Seiten mit 66 Abbildungen. 58.– DM

69 **Prozeßüberwachung beim Galvanoformen**
Von Jürgen Wilhelm Böcker. ISBN 3-540-12457-8.
1983, 118 Seiten mit 32 Abbildungen. 58.– DM

70 **LAPEX – Ein rechnerunterstütztes Verfahren zur Betriebsmittelzuordnung**
Von Stephan Mayer. ISBN 3-540-12490-X.
1983, 162 Seiten mit 34 Abbildungen und 2 Tabellen. 58.– DM

71 **Gestaltung eines integrierten Produktionssystems für die Sortenfertigung unter Einsatz der Clusteranalyse**
Von Gerald Weber. ISBN 3-540-12650-3.
1983, 194 Seiten mit 54 Abbildungen. 58.– DM

72 **Gußputzen mit sensorgeführten, programmierbaren Handhabungsgeräten**
Von Eberhard Abele. ISBN 3-540-12651-1.
1983, 133 Seiten mit 66 Abbildungen. 58,– DM

73 **Untersuchungen zur Herstellung und zum Einsatz galvanogeformter Erodierelektroden**
Von Harald Müller. ISBN 3-540-12822-0.
1983, 148 Seiten mit 78 Abbildungen. 58,– DM

74 **Ein Beitrag zur Optimierung der Prozeßführungsstrategien automatisierter Förder- und Materialflußsysteme**
Von Hans Steffens. ISBN 3-540-12968-5.
1983. 161 Seiten mit 60 Abbildungen. 58,– DM

75 **Entwicklung eines Verfahrens zur wertmäßigen Bestimmung der Produktivität und Wirtschaftlichkeit von Personalentwicklungsmaßnahmen in Arbeitsstrukturen**
Von Christian Müller. ISBN 3-540-13041-1.
1983. 129 Seiten mit 34 Abbildungen. 58,– DM

76 **Berechnung der Gestaltänderung von Profilen infolge Strahlverschleiß**
Von Wolfgang Marx. ISBN 3-540-13054-3.
1983. 121 Seiten mit 58 Abbildungen. 58,– DM

77 **Algorithmen zur flexiblen Gestaltung der kurzfristigen Fertigungssteuerung**
Von Rudolf E. Scheiber. ISBN 3-540-13500-6.
1984, 150 Seiten mit 73 Abbildungen und 1 Tabelle. 63.– DM

78 **Galvanisieren mit moduliertem Strom**
Von Jürgen Wolfgang Mann. ISBN 3-540-13733-5.
1984, 145 Seiten und 58 Abbildungen. 63,– DM

79 **Fluoreszenzmeßverfahren zur Schmierfilmdickenmessung in Wälzlagern**
Von Wolfgang Schmutz. ISBN 3-540-13777-7.
1984, 141 Seiten und 66 Abbildungen. 63,– DM

IPA-IAO Forschung und Praxis

Berichte aus dem Fraunhofer-Institut für Produktionstechnik und Automatisierung (IPA), Stuttgart, Fraunhofer-Institut für Arbeitswirtschaft und Organisation (IAO), Stuttgart, und Institut für Industrielle Fertigung und Fabrikbetrieb der Universität Stuttgart

Herausgeber: Prof. Dr.-Ing. Dr. h. c. mult. H.-J. Warnecke und Prof. Dr.-Ing. habil. Prof. E. h. Dr. h. c. H.-J. Bullinger

---

80 **Flexibilität und Kapazität von Werkstückspeichersystemen**
Von Bernhard Graf. ISBN 3-540-13970-2.
1984, 115 Seiten mit 71 Abbildungen. 63,– DM

T1 **Flexible Fertigungssysteme**
17. IPA-Arbeitstagung zusammen mit der 3. Internationalen Konferenz „Flexible Manufacturing Systems (FMS-3)". ISBN 3-540-13807-2.
1984, 249 Seiten mit zahlreichen Abbildungen. 118,– DM

T2 **Integrierte Bürosysteme**
3. IAO-Arbeitstagung. ISBN 3-540-13978-8.
1984, 633 Seiten mit zahlreichen Abbildungen. 168,– DM

81 **Rechnerunterstützte Planung von Montageablaufstrukturen für Erzeugnisse der Serienfertigung**
Von Ernst-Dieter Ammer. ISBN 3-540-15056-0.
1985, 120 Seiten mit 1 Faltblatt und 33 Abbildungen. 63,– DM

82 **Flexibilität von personalintensiven Montagesystemen bei Serienfertigung**
Von Heinrich Vähning. ISBN 3-540-15093-5.
1985, 152 Seiten mit 49 Abbildungen. 63,– DM

83 **Ordnen von Werkstücken mit programmierbaren Handhabungsgeräten und Werkstückerkennungssensoren**
Von Ingo Schmidt. ISBN 3-540-15375-6.
1985, 111 Seiten mit 66 Abbildungen. 63,– DM

84 **Systematische Investitionsplanung**
Von Jorge Moser. ISBN 3-540-15370-5.
1985, 190 Seiten mit 69 Abbildungen. 63,– DM

T3 **Montage · Handhabung · Industrieroboter**
Internationaler MHI-Kongreß im Rahmen der Hannover-Messe '85. ISBN 3-540-15500-7.
1985, 267 Seiten mit zahlreichen Abbildungen. 128,– DM

85 **Flexible Montagesysteme – Konzeption und Feinplanung durch Kombination von Elementen**
Von Peter Konold / Bernd Weller. ISBN 3-540-15606-2.
1985, 162 Seiten mit 71 Abbildungen und 9 Tabellen. 63,– DM

T4 **Menschen · Arbeit · Neue Technologien**
4. IAO-Arbeitstagung zusammen mit der 2. Internationalen Konferenz „Human Factors in Manufacturing". ISBN 3-540-15763-8.
1985, 442 Seiten mit zahlreichen Abbildungen. 168,– DM

86 **Leitstandunterstützte kurzfristige Fertigungssteuerung bei Einzel- und Kleinserienfertigung**
Von Lothar Aldinger. ISBN 3-540-15903-7.
1985, 151 Seiten mit 49 Abbildungen und 2 Tabellen. 63,– DM

87 **Bestimmen des Bürstenverhaltens anhand einer Einzelborste**
Von Klaus Przyklenk. ISBN 3-540-15956-8.
1985, 117 Seiten mit 74 Abbildungen. 63,– DM

88 **Montage großvolumiger Produkte mit Industrierobotern**
Von Jörg Walther. ISBN 3-540-16027-2.
1985, 125 Seiten mit 58 Abbildungen. 63,– DM

89 **Algorithmen und Verfahren zur Erstellung innerbetrieblicher Anordnungspläne**
Von Wilhelm Dangelmaier. ISBN 3-540-16144-9.
1986, 268 Seiten mit 79 Abbildungen. 68,– DM

90 **Bewertung der Instandhaltung von Fertigungssystemen in der technischen Investitionsplanung**
Von Hagen U. Uetz. ISBN 3-540-16166-X.
1986, 129 Seiten mit 38 Abbildungen. 68,– DM

91 **Entgraten durch Hochdruckwasserstrahlen**
Von Manfred Schlatter. ISBN 3-540-16172-4.
1986, 167 Seiten mit 89 Abbildungen und 18 Tabellen. 68,– DM

92 **Werkstückorientierte Verfahrensauswahl zum Gußputzen mit Industrierobotern**
Von Wolfgang Sturz. ISBN 3-540-16224-0.
1986, 156 Seiten mit 59 Abbildungen. 68,– DM

93 **Verfahren zur Verringerung von Modell-Mix-Verlusten in Fließmontagen**
Von Reinhard Koether. ISBN 3-540-16499-5.
1986, 175 Seiten mit 46 Abbildungen und 1 Tabelle. 68,– DM

94 **Entwicklung und Einsatz eines interaktiven Verfahrens zur Leistungsabstimmung von Montagesystemen**
Von Günter Schad. ISBN 3-540-16978-4.
1986, 120 Seiten mit 31 Abbildungen und 1 Tabelle. 68,– DM

95 **Qualifizierung an Industrierobotern**
Von Wolfgang Bachl. ISBN 3-540-17018-9.
1986, 218 Seiten mit 30 Abbildungen. 68,– DM

96 **Rechnersimulation des Beschichtungsprozesses beim Elektrotauchlackieren – Anwendung zum Berechnen des Umgriffs**
Von Otto Baumgärtner. ISBN 3-540-17102-9.
1986, 113 Seiten mit 42 Abbildungen. 68,– DM

97 **Ergonomische Gestaltung von Rotationsstellteilen für grob- und sensomotorische Tätigkeiten**
Von Werner F. Muntzinger. ISBN 3-540-17247-5.
1986, 135 Seiten mit 51 Abbildungen und 33 Tabellen. 68,– DM

98 **Die optische Rauheitsmessung in der Qualitätstechnik**
Von R.-J. Ahlers. ISBN 3-540-17242-4.
1986, 133 Seiten mit 56 Abbildungen und 2 Tabellen. 68,– DM

99 **Maschinelle Spracherkennung zur Verbesserung der Mensch-Maschine-Schnittstelle**
Von Gerhard Rigoll. ISBN 3-540-17350-1.
1986, 134 Seiten mit 55 Abbildungen. 68,– DM

100 **Konzeption und Auswahl modularer Magazinpaletten**
Von Thomas Zipse. ISBN 3-540-17584-9.
1987, 126 Seiten mit 54 Abbildungen. 68,– DM

101 **Anschlüsse an Kupferrohre – Herstellung und Automatisierungsmöglichkeit**
Von Eberhard Rauschnabel. ISBN 3-540-17807-4.
1987, 120 Seiten mit 88 Abbildungen. 68,– DM

102 **Mengen- und ablauforientierte Kapazitätsplanung von Montagesystemen**
Von Hans Sauer. ISBN 3-540-17815-5.
1987, 156 Seiten mit 64 Abbildungen. 68,– DM

103 **Verfahrensinstrumentarium zur Werkstückauswahl und Auslegung von Industrieroboterschweißsystemen**
Von Herbert Gzik. ISBN 3-540-17928-3.
1987, 138 Seiten mit 56 Abbildungen. 68,– DM

104 **Integration von Förder- und Handhabungseinrichtungen**
Von Joachim Schuler. ISBN 3-540-17955-0.
1987, 153 Seiten mit 61 Abbildungen. 68,– DM

105 **Produktionsmengen- und -terminplanung bei mehrstufiger Linienfertigung**
Von H. Kühnle. ISBN 3-540-18038-9.
1987, 124 Seiten mit 25 Abbildungen. 68,– DM

106 **Untersuchung des Plasmaschneidens zum Gußputzen mit Industrierobotern**
Von Jong-Oh Park. ISBN 3-540-18037-0.
1987, 142 Seiten mit 70 Abbildungen. 68,– DM

107 **Fügen von biegeschlaffen Steckkontakten mit Industrierobotern**
Von Daegab Gweon. ISBN 3-540-18134-2.
1987, 115 Seiten mit 13 Abbildungen. 68,– DM

108 **Entwicklung eines biomechanischen Modells des Hand-Arm-Systems**
Von Georgios Tsotsis. ISBN 3-540-18135-0.
1987, 163 Seiten mit 45 Abbildungen. 68,– DM

109 **Ein Beitrag zur Planungssystematik für die automatisierte flexible Blechteilefertigung**
Von Thomas Weber. ISBN 3-540-18136-9.
1987, 149 Seiten mit 56 Abbildungen. 68,– DM

110 **Entwicklung eines Meßverfahrens zur Bestimmung des Positionier- und Orientierungsverhaltens von Industrierobotern**
Von Günter Schiele. ISBN 3-540-18137-7.
1987, 116 Seiten mit 48 Abbildungen. 68,– DM

111 **Schwingungsbelastung beim Arbeiten mit handgeführten, einachsigen Motormähgeräten**
Von Peter Kern. ISBN 3-540-18193-8.
1987, 145 Seiten mit 43 Abbildungen und 5 Tabellen. 68,– DM

112 **Entwicklung eines berührungslosen Tastsystems für den Einsatz an Koordinatenmeßgeräten**
Von Hie-Sik Kim. ISBN 3-540-18578-X.
1987, 111 Seiten mit 62 Abbildungen und 4 Tabellen. 68,– DM

113 **Qualifizierung an Industrierobotern – Ziele, Inhalte und Methoden**
Von Volker Korndörfer. ISBN 3-540-18618-2.
1987, 318 Seiten mit 100 Abbildungen. 68,– DM

114 **Funktional und räumlich variables und modulares Laborgerätesystem**
Von Alfred Mack. ISBN 3-540-18786-3.
1988, 116 Seiten mit 39 Abbildungen. 73,– DM

115 **Produktrecycling im Maschinenbau**
Von Rolf Steinhilper. ISBN 3-540-18849-5.
1988, 167 Seiten mit 50 Abbildungen. 73,– DM

116 **Integration der montagegerechten Produktgestaltung in den Konstruktionsprozeß**
Von Rudolf Bäßler. ISBN 3-540-19058-9.
1988, 133 Seiten mit 49 Abbildungen. 73,– DM

117 **Ein Algorithmus zur kapazitätsorientierten Bildung von Losen**
Von Tilmann Greiner. ISBN 3-540-19300-6.
1988, 135 Seiten mit 37 Abbildungen. 73,– DM

118 **Kabelbaummontage mit Industrierobotern**
Von Gerd Schlaich. ISBN 3-540-19301-4.
1988, 131 Seiten mit 62 Abbildungen. 73,– DM

119 **Beitrag zur Verbesserung der Fertigungskostentransparenz bei Großserienfertigung mit Produktvielfalt**
Von Albrecht Köhler. ISBN 3-540-19393-6.
1988, 148 Seiten mit 72 Abbildungen. 73,– DM

120 **Entwicklungs- und Planungshilfen zum Aufbau von flexiblen Ordnungssystemen**
Von Rainer Schanz. ISBN 3-540-19394-4.
1988, 104 Seiten mit 48 Abbildungen. 73,– DM

121 **Bestücken von Leiterplatten mit Industrierobotern**
Von Ernst Wolf. ISBN 3-540-50013-8.
1988, 132 Seiten mit 63 Abbildungen. 73,– DM

122 **Verschleißvorgänge beim Querschneiden dünner Bahnen**
Von Thomas Hülsmann. ISBN 3-540-50049-9.
1988, 126 Seiten mit 47 Abbildungen und 5 Tabellen. 73,– DM

123 **Geometrieprüfung in der Fertigungsmeßtechnik mit bildverarbeitenden Systemen**
Von Claus P. Keferstein. ISBN 3-540-50050-2.
1988, 128 Seiten mit 53 Abbildungen. 73,– DM

124 **Modulares Simulationsmodell für die Abläufe in verketteten Fertigungszellen mit Industrierobotern**
Von Kum-Hoan Kuk. ISBN 3-540-50069-3.
1988, 130 Seiten mit 57 Abbildungen. 73,– DM

125 **Montage von Schläuchen mit Industrierobotern**
Von Bruno Frankenhauser. ISBN 3-540-50072-3.
1988, 139 Seiten mit 63 Abbildungen. 73,– DM

126 **Kommissioniersystem mit Roboter und Mehrstückgreifer**
Von Klaus Baumeister. ISBN 3-540-50133-9.
1988, 104 Seiten mit 53 Abbildungen. 73,– DM

127 **Sensorunterstütztes Programmierverfahren für das Entgraten mit Industrierobotern**
Von Dieter Boley. ISBN 3-540-50175-4.
1988, 128 Seiten mit 67 Abbildungen. 73,– DM

128 **Die Arbeitsraumgestaltung manueller Montagearbeitsplätze mit graphischen und wissensbasierten Methoden**
Von Klaus Lay. ISBN 3-540-50259-9.
1988, 129 Seiten mit 50 Abbildungen und 7 Tabellen. 73,– DM

129 **Automatisierung des Biegerichtens**
Von Stefan Thiel. ISBN 3-540-50432-X.
1988, 142 Seiten mit 57 Abbildungen und 5 Tabellen. 73,– DM

130 **Rechnergestützte Verfahren zur Auslegung der Mechanik von Industrierobotern**
Von Martin-Christoph Wanner. ISBN 3-540-50640-3.
1989, 202 Seiten mit 80 Abbildungen. 73,– DM

131 **Entwicklung eines bestandsorientierten Fertigungssteuerungssystems für die Großserienfertigung am Beispiel des Automobilbaus**
Von G. Hachtel. ISBN 3-540-50639-X.
1989, 163 Seiten mit 34 Abbildungen und 6 Tabellen. 73,– DM

132 **Ergonomische Gestaltung der Benutzerschnittstelle am Antriebssystem des Greifreifenrollstuhls**
Von Ludwig Traut. ISBN 3-540-50877-5.
1989, 210 Seiten mit 127 Abbildungen. 73,– DM

133 **Planung taktzeitoptimierter flexibler Montagestationen**
Von Joachim Schöninger. ISBN 3-540-50896-1.
1989, 122 Seiten mit 47 Abbildungen. 73,– DM

134 **Ein Modell für ein integriertes Qualitäts- und Prüfplanungssystem in der Montage**
Von Josef R. Kring. ISBN 3-540-51195-4.
1989, 140 Seiten mit 60 Abbildungen. 73,– DM

135 **Fertigungsstrukturierung auf der Basis von Teilefamilien**
Von Manfred Auch. ISBN 3-540-51290-X.
1989, 138 Seiten mit 34 Abbildungen. 73,– DM

136 **Kollisionsbehandlung als Grundbaustein eines modularen Industrieroboter-Off-line-Programmiersystems**
Von Andreas Altenhein. ISBN 3-540-51418-X.
1989, 129 Seiten mit 53 Abbildungen. 73,– DM

137 **Ein Beitrag zur Planung und Bewertung Neuer Arbeitsstrukturen in NE-Metallgießereien Dargestellt am Beispiel der Fertigungsinsel**
Von Horst Nespeta. ISBN 3-540-51419-8.
1989, 157 Seiten mit 58 Abbildungen. 73,– DM

138 **Verfahren zur Prüfung der Partikelkontamination in Versorgungssystemen für hochreine Flüssigkeiten**
Von Rolf Herz. ISBN 3-540-51457-0.
1989, 123 Seiten mit 61 Abbildungen. 73,– DM

139 **Messung gekrümmter Flächen mit berührungslosen Verfahren**
Von Leo Schreiber. ISBN 3-540-51493-7.
1989, 119 Seiten mit 72 Abbildungen. 73,– DM

140 **Automatisiertes Lackieren mit steuerbaren Spritzpistolen**
Von Konrad A. Ortlieb. ISBN 3-540-51518-6.
1989, 121 Seiten mit 45 Abbildungen. 73,– DM

141 **Grundlagen zur Entwicklung reinraumtauglicher Handhabungssysteme**
Von Jürgen Geißinger. ISBN 3-540-51959-9.
1989, 124 Seiten mit 82 Abbildungen. 73,– DM

142 **CAD-Video-Somatographie**
Entwicklung und Bewertung einer Methode zur anthropometrischen Arbeitsgestaltung
Von Dieter Lorenz. ISBN 3-540-52163-1.
1989, 169 Seiten mit 61 Abbildungen. 73,– DM

143 **Eine Systemarchitektur für die Gestaltung und das Management verteilter Informationssysteme**
Von Andreas J. Ness. ISBN 3-540-52224-7.
1990, 203 Seiten mit 62 Abbildungen. 78,– DM

144 **Untersuchungen über den optisch-physiologischen Eindruck der Oberflächenstruktur von Lackfilmen**
Von Horst Schene. ISBN 3-540-52226-3.
1990, 149 Seiten mit 106 Abbildungen. 78,– DM

145 **Planungsmethodik für ein Qualitätskostensystem**
Von Alfred Rauba. ISBN 3-540-52477-0.
1990, 166 Seiten mit 73 Abbildungen. 78,– DM

146 **Kleinserienbestückung von Leiterplatten mit bedrahteten Bauelementen durch Industrieroboter**
Von Martin Domm. ISBN 3-540-52867-9.
1990, 106 Seiten mit 48 Abbildungen. 78,– DM

147 **Sensor- und Steuerungssystem für die leitlinienlose Führung automatischer Flurförderzeuge**
Von Gerhard Drunk. ISBN 3-540-53033-9.
1990, 135 Seiten mit 52 Abbildungen. 78,– DM

148 **Ein System zur wissensbasierten Diagnose an CNC-Werkzeugmaschinen durch den Maschinenbediener**
Von Klaus-Peter Fähnrich. ISBN 3-540-53034-7.
1990, 132 Seiten mit 48 Abbildungen und 18 Tabellen. 78,– DM

149 **Werkstückbegleitender Informationsspeicher als Basis für ein informationstechnisches Konzept für Halbleiterfertigungen**
Von Klaus-Dieter Sauter. ISBN 3-540-53236-6.
1990, 115 Seiten mit 55 Abbildungen. 78,– DM

150 **Ein Planungsverfahren zur Erkennung und Bewältigung von Material- und Kapazitätsengpässen bei mehrstufiger Linienfertigung**
Von Ralf-Michael Fuchs. ISBN 3-540-53271-4.
1990, 176 Seiten mit 65 Abbildungen. 78,– DM

151 **Montage von Schrauben mit Industrierobotern**
Von Gernot E. Fischer. ISBN 3-540-53519-5.
1990, 97 Seiten mit 37 Abbildungen. 78,– DM

152 **Flächenorientierte Termin- und Kapazitätsplanung bei innerbetrieblicher Baustellenfertigung**
Von Rolf Schlauch. ISBN 3-540-53584-5.
1990, 130 Seiten mit 53 Abbildungen. 78,– DM

153 **Wissensbasierte Entscheidungsunterstützung bei der Auswahl von Industrierobotern**
Von Günter Jordan. ISBN 3-540-53744-9.
1991, 116 Seiten mit 49 Abbildungen. 78,– DM

154 **Simulationssystem für Fertigungsprozesse mit Stückgutcharakter**
Ein gegenstandsorientiertes System mit parametrisierter Netzwerkmodellierung
Von Bernd-Dietmar Becker. ISBN 3-540-53847-X.
1991, 162 Seiten mit 48 Abbildungen und 47 Tabellen. 78,– DM

155 **Algorithmen der Sprachverarbeitung zur Entwicklung eines vollsynthetischen Sprachausgabesystems**
Von Gerhard Rigoll. ISBN 3-540-53870-4.
1991, 321 Seiten mit 235 Abbildungen. 78,– DM

156 **Wissensbasierte CAD-Systemkomponente zum Entwurf montagegerechter Produkte**
Von Ralph Richter. ISBN 3-540-54725-8.
1991, 137 Seiten mit 56 Abbildungen. 78,– DM

157 **Heftschweißverfahren für das Lagefixieren von Werkstücken beim Schutzgasschweißen mit Industrierobotern**
Von Carsten Martin Claussen. ISBN 3-540-54951-X.
1991, 140 Seiten mit 43 Abbildungen. 78,– DM

158 **Ein Beitrag zur Meßdatenverarbeitung in der Koordinatenmeßtechnik**
Von Thomas Garbrecht. ISBN 3-540-55030-5.
1991, 135 Seiten mit 94 Abbildungen und 5 Tabellen. 78,– DM

159 **Ein Beitrag zur Planung und Optimierung der Verfahrensteilung in der Fertigung**
Von Hans-Peter Roth. ISBN 3-540-55113-1.
1992, 130 Seiten mit 50 Abbildungen. 78,– DM

160 **Flexible Montage von Leitungssätzen mit Industrierobotern**
Von Herbert H. Emmerich ISBN 3-540-55227-8.
1992, 135 Seiten mit 70 Abbildungen. 88,– DM

161 **Toleranzausgleichssysteme für Industrieroboter am Beispiel des feinwerktechnischen Bolzen-Loch-Problems**
Von Uwe Schweigert ISBN 3-540-55228-6.
1992, 119 Seiten mit 61 Abbildungen. 88,– DM

162 **Entwicklung eines interaktiven Simulators auf der Basis von Petri-Netzen zur Modellierung und Bewertung hybrider Montagestrukturen**
Von W. Schweizer ISBN 3-540-55229-4.
1992, 159 Seiten mit 76 Abbildungen. 88,– DM

163 **Entwicklung eines Verfahrens zur rechnerunterstützten Gestaltung verteilter Informationssysteme**
Von Friedemann Reim ISBN 3-540-55269-3.
1992, 151 Seiten mit 43 Abbildungen. 88,– DM

164 **EDV-gestützte Planungs- und Entscheidungshilfen zur Auslegung von Produktionsstrukturen mit strukturkostenoptimierten Dezentralen Verantwortungsbereichen**
Von Ulrich Hallwachs ISBN 3-540-55477-7.
1992, 186 Seiten mit 66 Abbildungen. 88,– DM

165 **Strömungstechnische Auslegung reinraumtauglicher Fertigungseinrichtungen**
Von Elmar Degenhart ISBN 3-540-55478-5.
1992, 137 Seiten mit 72 Abbildungen. 88,– DM

166 **Synthese und Simulation dreidimensionaler Hand-Arm-Bewegungen an manuellen Montagearbeitsplätzen**
Von Raimund Menges ISBN 3-540-55752-0.
1992, 215 Seiten mit 70 Abbildungen. 88,– DM

167 **Bewertung inhomogener fraktaler Strukturen und Skalenanalyse von Texturen**
Von Uwe Müssigmann ISBN 3-540-55796-2.
1992, 99 Seiten mit 43 Abbildungen. 88,– DM

168 **Ein Informationssystem für Instandhaltungsleitstellen**
Von Wilfried Sihn ISBN 3-540-55853-5.
1992, 167 Seiten mit 67 Abbildungen. 88,– DM

169 **Verfahren zum automatischen Palettieren von quaderförmigen Packstücken im beliebigen Sortenmix**
Von Walter Michael Strommer ISBN 3-540-55922-1.
1992, 105 Seiten mit 47 Abbildungen. 88,– DM

170 **Planung der Kinematik von Industrierobotersystemen zum Schutzgasschweißen im Schiffbau**
Von Wolfgang Utner ISBN 3-540-55923-X.
1992, 134 Seiten mit 31 Abbildungen und 3 Tabellen. 88,– DM

171 **Montage von Pressverbindungen mit Industrierobotern**
Von Günther Würtz ISBN 3-540-56300-8.
1992, 124 Seiten mit 55 Abbildungen. 88,– DM

172 **Rationalisierungspotential der montagegerechten Produktgestaltung bei der Montage mit Industrierobotern**
Von Thomas Schmaus ISBN 3-540-56400-4.
1992, 122 Seiten mit 55 Abbildungen. 88,– DM

173 **Erhöhung der Variantenflexibilität in Mehrmodell-Montagesystemen durch ein Verfahren zur Leistungsabstimmung**
Von Felix Fremerey ISBN 3-540-56549-3.
1993, 150 Seiten mit 38 Abbildungen und 6 Tabellen. 88,– DM

174 **Automatische Montage von O-Ringen**
Von Johannes F. Wößner ISBN 3-540-56657-0.
1993, 94 Seiten mit 43 Abbildungen. 88,– DM

175 **Systeme kombinierter multimodaler Mensch-Rechner-Interaktionen**
Von Karl-Heinz Hanne ISBN 3-540-56687-2.
1993, 131 Seiten mit 46 Abbildungen. 88,– DM

176 **Regelbasiertes Verfahren zur Montageablaufplanung in der Serienfertigung**
Von Klaus Thaler ISBN 3-540-56829-8.
1993, 132 Seiten mit 63 Abbildungen. 88,– DM

177 **Rechnergestütztes Bediensystem für einen Telemanipulator zur Sanierung von gemauerten Abwasserkanälen**
Von Kurt Alexander Schließmann ISBN 3-540-56875-1.
1993, 135 Seiten mit 57 Abbildungen und 7 Tabellen. 88,– DM

178 **Konturantastende und optoelektronische Koordinatenmeßgeräte für den industriellen Einsatz**
Von Wolfgang Rauh ISBN 3-540-56876-X.
1993, 124 Seiten mit 43 Abbildungen. 88,– DM

179 **Konzeption für ein Sensor- und Steuerungssystem zur automatischen Führung eines Walzenschrämladers entlang der Grenzlinie von Kohle und Nebengestein**
Von Stephan Matthias Forster ISBN 3-540-57159-0.
1993, 147 Seiten mit 63 Abbildungen. 88,– DM

180 **Ein dreidimensionales Bildverarbeitungssystem für die Automatisierung visueller Prüfvorgänge**
Von Jianzhong Lu ISBN 3-540-57160-4.
1993, 113 Seiten mit 45 Abbildungen und 2 Tabellen. 88,– DM

181 **Erschließung technischer und organisatorischer Potentiale durch die Komplettbearbeitung auf Drehmaschinen mit Hilfe der Teileanalyse**
Von Helmut Schaal ISBN 3-540-57212-0.
1993, 126 Seiten mit 42 Abbildungen und 2 Tabellen. 88,– DM

182 **Prüfverfahren zur Untersuchung der Partikelreinheit technischer Oberflächen**
Von Bernhard Klumpp ISBN 3-540-57302-X.
1993, 108 Seiten mit 50 Abbildungen. 88,– DM

183 **Automatisierung der Justage von Drehankerrelais**
Von G. Krüll ISBN 3-540-57303-8.
1993, 113 Seiten mit 59 Abbildungen. 88,– DM

184 **Prozeßstrukturen der chemischen Vernickelung**
Von Hans Gut ISBN 3-540-57304-6.
1993, 108 Seiten mit 37 Abbildungen und 5 Tabellen. 88,– DM

185 **Ein Verfahren zur Konstruktion anwendungoptimierter Ultraschallsensoren auf der Basis von Schallkanälen**
Von Achim Langen ISBN 3-540-57376-3.
1993, 140 Seiten mit 72 Abbildungen. 88,– DM

186 **Ein rechnerunterstütztes System für die technische Dokumentation und Übersetzung**
Von Renate Mayer ISBN 3-540-57409-3.
1993, 126 Seiten mit 59 Abbildungen. 88,– DM

187 **Theoretische und experimentelle Untersuchungen an dreidimensionalen Wirbelströmungen für industrielle Absauganlagen**
Von Wolf-Jürgen Denner ISBN 3-540-57410-7.
1993, 141 Seiten mit 78 Abbildungen und 10 Tabellen. 88,– DM

188 **Planungsmethodik für den Aufbau von Qualitätssicherungssystemen in kleinen und mittleren Produktionsunternehmen**
Von Rainer Hummel ISBN 3-540-57727-0.
1993, 221 Seiten mit 114 Abbildungen und 6 Tabellen. 88,– DM

189 **Plasmamodifikation von Kunststoffoberflächen zur Haftfestigkeitssteigerung von Metallschichten**
Von Dieter Andreas Mann ISBN 3-540-57745-9.
1994, 133 Seiten mit 83 Abbildungen und 6 Tabellen. 88,– DM

190 **Softwareentwicklung für speicherprogrammierbare Steuerungen im integrierten, rechnergestützten Konstruktionsprozeß**
Von Kornelius Hengel ISBN 3-540-57765-3.
1994, 133 Seiten mit 48 Abbildungen. 88,– DM

191 **Vorrichtungssysteme für die flexibel automatisierte Montage**
Von Armin Willy ISBN 3-540-57784-X.
1994, 121 Seiten mit 60 Abbildungen. 88,– DM

192 **Wissensbasiertes Selbstheilungs- und Diagnosesystem für CNC-Koordinatenmeßgeräte**
Von Wilhelm Steger ISBN 3-540-57829-3.
1994, 147 Seiten mit 79 Abbildungen. 88,– DM

193 **Modell für ein rechnerunterstütztes Qualitätssicherungssystem gemäß DIN ISO 9000 ff.**
Von Ulrich Lübbe ISBN 3-540-57831-5.
1994, 152 Seiten mit 59 Abbildungen. 88,– DM

194 **Vorgehenssystematik zum Prototyping graphisch-interaktiver Audio/Video-Schnittstellen**
Von Claus Görner ISBN 3-540-57886-2.
1994, 181 Seiten mit 66 Abbildungen. 88,– DM

195 **Bewertung von Rechnerinvestitionen durch den Vergleich von Wertschöpfungsketten**
Von Christian F. Mayer ISBN 3-540-57969-9.
1994, 144 Seiten mit 45 Abbildungen und 24 Tabellen. 88,– DM

196 **Ein Verfahren zur kostenorientierten Produktionsprogramm- und Kapazitätsplanung bei losweiser Montage**
Von J. Kurz ISBN 3-540-57971-0.
1994, 124 Seiten mit 26 Abbildungen und 3 Tabellen. 88,– DM

197 **Direktmontage von Leitungen mit Industrierobotern**
Von Stefan Koller ISBN 3-540-58224-X.
1994, 105 Seiten mit 52 Abbildungen. 88,– DM

198 **Eine objektorientierte Architektur für Leitstände zur Feinplanung**
Von Thomas Otterbein ISBN 3-540-58273-8.
1994, 183 Seiten mit 90 Abbildungen. 88,– DM

199 **Erhöhung der Fertigungssicherheit und -qualität beim Hochdruckwasserstrahlen durch den Einsatz von Sensoren**
Von Michael Knaupp ISBN 3-540-58440-4.
1994, 117 Seiten mit 101 Abbildungen. 88,– DM

200 **Verfahren zur Bewertung von Auftrags-Durchlaufzeiten in den indirekt-produktiven Bereichen von Maschinenbau-Unternehmen**
Von Robert Müller ISBN 3-540-58478-1.
1994, 152 Seiten mit 32 Abbildungen. 88,– DM

201 **Verfahrensprüfstand für das Bearbeiten mit Industrierobotern**
Von Peter Schlaich ISBN 3-540-58510-9.
1994, 114 Seiten mit 60 Abbildungen. 88,– DM

202 **Entwicklung und Optimierung von Prozeßkomponenten zur ionenunterstützten Abscheidung bei PVD-Verfahren**
Von Walter Olbrich ISBN 3-540-58511-7.
1994, 126 Seiten mit 62 Abbildungen und 7 Tabellen. 88,– DM

203 **Verfahren der Konturanalyse zur Automatisierung visueller Prüfvorgänge**
Von Knut Kille ISBN 3-540-58513-3.
1994, 105 Seiten mit 50 Abbildungen und 15 Tabellen. 88,– DM

204 **Verfahren zur Verbesserung der Ausfallsicherheit verteilter Informationssysteme**
Von Helmut Meitner ISBN 3-540-58623-7.
1995, 196 Seiten mit 54 Abbildungen und 13 Tabellen. 88,– DM

205 **Ein unscharfes Planungsverfahren zur mittelfristigen Personalkapazitätsanpassung für die bedarfsorientierte Serienproduktion**
Von Hans-Jürgen Braun ISBN 3-540-58819-1.
1995, 164 Seiten mit 40 Abbildungen und 10 Tabellen. 88,– DM

206 **Rechnergestützte Auslegungsverfahren für Großmanipulatoren mit Gelenkarmkinematik**
Von Werner Engeln ISBN 3-540-58871-X.
1995, 135 Seiten mit 52 Abbildungen und 18 Tabellen. 88,– DM

207 **Montagestrukturplanung für variantenreiche Serienprodukte**
Von Ulrich Zeile ISBN 3-540-58937-6.
1995, 122 Seiten mit 65 Abbildungen. 88,– DM
208 **Entwicklung eines objektorientierten Informationssystems zur optimierten Werkstoffauswahl**
Von Dietmar R. Fischer ISBN 3-540-58938-4.
1995, 193 Seiten mit 37 Abbildungen und 14 Tabellen. 88,– DM
209 **Entwicklung einer flexibel automatisierten Nähanlage**
Von Oliver Krockenberger ISBN 3-540-58939-2.
1995, 122 Seiten mit 75 Abbildungen. 88,– DM
210 **Ultraschallbahnschweißen von Kunststoffteilen mit Industrierobotern**
Von Thomas Wagner ISBN 3-540-58940-6.
1995, 93 Seiten mit 37 Abbildungen. 88,– DM
211 **Flexibel automatisierte Montage hochpoliger Rundkabel**
Von Ralf Cramer ISBN 3-540-58979-1.
1995, 116 Seiten mit 59 Abbildungen. 88,– DM
212 **Automatische Reparatur elektronischer Baugruppen**
Von Thomas Leicht ISBN 3-540-59015-3.
1995, 99 Seiten mit 46 Abbildungen. 88,– DM
213 **Montage von Schlauchschellen mit Industrierobotern**
Von Herbert Dreher ISBN 3-540-59035-8.
1995, 103 Seiten mit 63 Abbildungen. 88,– DM
214 **Arbeitsprogrammgenerierung zum Schutzgasschweißen mit Industrierobotersystemen im Schiffbau**
Von Peter Schmid ISBN 3-540-59058-7.
1995, 131 Seiten mit 42 Abbildungen. 88,– DM
215 **Flexible Demontage mit dem Industrieroboter am Beispiel von Fernsprech-Endgeräten**
Von Martin Kahmeyer ISBN 3-540-59390-X.
1995, 99 Seiten mit 52 Abbildungen. 88,– DM
216 **Der logisch-pragmatische Gebrauch von Konditionalsätzen. Eine dialog-logische Analyse**
Von Antonius Jacobus Maria van Hoof ISBN 3-540-59463-9.
1995, 146 Seiten mit 65 Abbildungen. 88,– DM
217 **Arbeits- und organisationspsychologische Interventionen bei der Einführung von Gruppenarbeit in dezentral ausgerichteten Fertigungsinseln**
Von Manfred Schlund ISBN 3-540-60012-4.
1995, 426 Seiten mit 24 Abbildungen und 29 Tabellen. 88,– DM
218 **Herstellung geformter Schläuche mit Formdornen aus Formgedächtnislegierung**
Von Thomas Weisener ISBN 3-540-60019-1.
1995, 88 Seiten mit 48 Abbildungen. 88,– DM
219 **Benutzerwerkzeuge an Fertigungssteuerungs-Leitständen**
Von Manfred Kroneberg ISBN 3-540-60096-5.
1995, 154 Seiten mit 84 Abbildungen. 88,– DM
220 **Werkstattsteuerung mit genetischen Algorithmen und simulativer Bewertung**
Von Jörg Schulte ISBN 3-540-60281-X.
1995, 163 Seiten mit 55 Abbildungen und 7 Tabellen. 88,– DM
221 **Ein Verfahren zur automatischen Generierung von softwareergonomisch gestalteten Benutzungsoberflächen**
Von Anette Weisbecker ISBN 3-540-60242-9.
1995, 140 Seiten mit 38 Abbildungen und 48 Tabellen. 88,– DM
222 **Verfahren zur Reduzierung der Hand-Arm-Schwingungsbelastung an Trennschleifern**
Von Rainer Eckert ISBN 3-540-60282-8.
1995, 187 Seiten mit 80 Abbildungen und 23 Tabellen. 88,– DM
223 **Individualisierbare heuristische Einplanung für rechnerbasierte Leitstände**
Von Andreas Huthmann ISBN 3-540-60424-3.
1995, 137 Seiten mit 74 Abbildungen. 88,– DM
224 **Recycling von Wasserlackoverspray durch Elektrophorese**
Von Klaus Berewinkel ISBN 3-540-60519-3.
1996, 177 Seiten mit 75 Abbildungen. 88,– DM
225 **Wissensbasierte Programmierung von Industrierobotern zum Schutzgasschweißen im Stahlhochbau**
Von Christoph Hartfuss ISBN 3-540-60661-0.
1996, 123 Seiten mit 48 Abbildungen. 88,– DM
226 **Verfahren zur Gestaltung rechnergestützter Büroprozesse**
Von Michael Rathgeb ISBN 3-540-60660-2.
1996, 278 Seiten mit 69 Abbildungen. 88,– DM
227 **Dialogentwicklung für objektorientierte, graphische Benutzungsschnittstellen**
Von Christian Janssen ISBN 3-540-60719-6.
1996, 154 Seiten mit 70 Abbildungen und 4 Tabellen. 88,– DM
228 **Bewertung und Verbesserung der fertigungsgerechten Gestaltung von Blechwerkstücken**
Von Ulrich Abele ISBN 3-540-61019-7.
1996, 184 Seiten mit 72 Abbildungen. 88,– DM
229 **Merkmalsbasierte Definition von Freiformgeometrien auf der Basis räumlicher Punktwolken**
Von Sabine Roth-Koch ISBN 3-540-61020-0.
1996, 145 Seiten mit 68 Abbildungen. 88,– DM
230 **Fokussierung im Dialog: Aspekte der Fokusintonation im Deutschen**
Von Joachim Machate ISBN 3-540-61165-7.
1996, 155 Seiten mit 22 Abbildungen und 22 Tabellen. 88,– DM

272 **Berechnung charakteristischer Spritzbild- und Qualitätsmerkmale beim Lackieren - Einsatz neuronaler Netze -**
Von Pavel Svejda ISBN 3-540-65038-5.
1998, 152 Seiten mit 62 Abbildungen und 29 Tabellen. 88,– DM

273 **Entwicklung eines Systems zur interaktiven Gestaltung und Auswertung von manuellen Montagetätigkeiten in der virtuellen Realität**
Von Rainer Heger ISBN 3-540-65039-3.
1998, 158 Seiten mit 64 Abbildungen und 6 Tabellen. 88,– DM

274 **Ein Verfahren zur integrierten, prozeßbegleitenden Vorkalkulation für die kostengerechte Konstruktion**
Von Joachim Th. Frech ISBN 3-540-65050-4.
1998, 154 Seiten mit 64 Abbildungen und 23 Tabellen. 88,– DM

275 **Grundlagenuntersuchungen und Weiterentwicklung der automatischen Farbwechseltechnik für Wasserlacke**
Von Hans-Jürgen Nolte ISBN 3-540-65146-2.
1998, 128 Seiten mit 70 Abbildungen und 10 Tabellen. 88,– DM

276 **Formleitlinien für die Flächenrückführung - Extraktion von Kanten und Radiusauslauflinien aus unstrukturierten 3D-Meßpunktmengen**
Von Ralph Peter Knorpp ISBN 3-540-65161-6.
1998, 134 Seiten mit 57 Abbildungen und 5 Tabellen. 88,– DM

277 **Erfassen und Verarbeiten komplexer Geometrie in Meßtechnik und Flächenrückführung**
Von Thomas Haller ISBN 3-540-65147-0.
1998, 175 Seiten mit 50 Abbildungen und 10 Tabellen. 88,– DM

278 **Reaktive Abscheidung von Metalloxiden auf Polycarbonat zur Erzeugung transparenter Verschleißschutzschichten**
Von Patrick Markschläger ISBN 3-540-65502-6.
1998, 164 Seiten mit 85 Abbildungen und 13 Tabellen. 88,– DM

279 **Adaptive Personaleinsatzsteuerung in homogenen Arbeitsgruppen bei sequentieller Auftragsstruktur**
Von Manfred Hüser ISBN 3-540-65505-0.
1998, 144 Seiten mit 53 Abbildungen. 88,– DM

280 **Meßeinrichtung zur direkten Unterscheidung von luftgetragenen biotischen und abiotischen Partikeln**
Von Rüdiger Kölblin ISBN 3-540-65526-3.
1999, 104 Seiten mit 57 Abbildungen. 88,– DM

GPSR Compliance

The European Union's (EU) General Product Safety Regulation (GPSR) is a set of rules that requires consumer products to be safe and our obligations to ensure this.

If you have any concerns about our products, you can contact us on ProductSafety@springernature.com

In case Publisher is established outside the EU, the EU authorized representative is:

Springer Nature Customer Service Center GmbH
Europaplatz 3
69115 Heidelberg, Germany

Batch number: 10682421

Printed by Printforce, the Netherlands